变电站标准化工作手册

变电检修

国网内蒙古东部电力有限公司设备管理部　编

中国电力出版社
CHINA ELECTRIC POWER PRESS

内 容 提 要

近年来，以特高压为代表的电网发展和技术进步给变电站标准化工作提出新课题，日趋严格的生产安全法治环境给变电站规范化管理带来新挑战。为进一步加强变电站标准化工作，国网内蒙古东部电力有限公司设备管理部组织编制了《变电站标准化工作手册》丛书。丛书包括《标准化体系研究与构建》《变电运维》《变电检修》《电气试验》4个分册，涵盖变电站标准化体系的构建方法以及运维、检修、试验各类生产业务的执行周期、业务流程、工作标准和工作记录，这些内容是变电站实现标准化工作和规范化管理的重要基础和体系保障。丛书图文并茂、直观易学，具有很强的实用性和可推广性。

本分册为《变电检修》，共4章，分别为变电检修基础管理标准化规范、检修装备管理标准化规范、设备评价标准化规范、现场作业管理标准化规范，全面介绍了人员培训、安全活动、档案资料管理、仪器仪表管理、工机具管理、备品备件管理、生产用车管理、精益化管理评价、设备年度状态评价等17项变电站检修业务的执行周期、业务流程、工作标准和工作记录。

本丛书既可作为变电站生产管理和专业技术人员的工作指导用书，也可作为员工职业培训和高等院校电气工程专业学生的实习书籍。

图书在版编目（CIP）数据

变电站标准化工作手册．变电检修/国网内蒙古东部电力有限公司设备管理部编．—北京：中国电力出版社，2019.11（2025.12 重印）

ISBN 978-7-5198-3230-8

Ⅰ.①变… Ⅱ.①国… Ⅲ.①变电所-检修-标准化-技术手册 Ⅳ.①TM63-65

中国版本图书馆CIP数据核字（2019）第274609号

出版发行：中国电力出版社
地　　址：北京市东城区北京站西街19号（邮政编码100005）
网　　址：http：//www.cepp.sgcc.com.cn
责任编辑：赵　杨（010-63412287）
责任校对：黄　蓓　李　楠
装帧设计：张俊霞
责任印制：石　雷

印　　刷：固安县铭成印刷有限公司
版　　次：2019年11月第一版
印　　次：2025年12月北京第二次印刷
开　　本：710毫米×1000毫米　16开本
印　　张：8.25
字　　数：126千字
印　　数：2001—2300册
定　　价：55.00元

《变电站标准化工作手册》
编　委　会

主　任　罗汉武

副主任　叶立刚　李文震

委　员　孙　广　李文鹏　张少杰　徐国辉　孟　辉
李海明　冯新文　张俊双

《变电检修》编写人员

主　编　李海明　冯新文

副主编　刘　斌　张俊双　吕通发

参　编　张　勇　刘　威　邵文国　宁毕武　曲云龙
吕　超　杨洪涛　肖中阳　杨香来　白一男
张　强　崔银龙　鲁利军　王鹏飞　孙云明
宁昭军

Preface 》前 言

近年来，以特高压为代表的电网发展和技术进步给变电站标准化工作提出新课题，日趋严格的生产安全法治环境给变电站规范化管理带来新挑战。2017 年，国家电网公司颁布了《国家电网公司变电验收管理规定（试行）》《国家电网公司变电运维管理规定（试行）》《国家电网公司变电检修管理规定（试行）》《国家电网公司变电检测管理规定（试行）》《国家电网公司变电评价管理规定（试行）》五项通用管理制度及其细则试行版（简称变电“五通”），全面规定了公司系统各层级生产单位的职责界面、业务范围和工作要点，为变电站生产精益化提供了遵循标准。

变电“五通”作为国家电网公司的顶层设计，落地实施需要有效的途径和体系保障。为推动变电“五通”与生产实际深度融合、更好落地实施，国网内蒙古东部电力有限公司设备管理部组织编制了《变电站标准化工作手册》丛书。丛书包括《标准化体系研究与构建》《变电运维》《变电检修》《电气试验》4 个分册。

丛书回应当前电力系统变电站迫切的生产精益化需求，以变电“五通”为基础，以工作标准化和管理规范化作为生产精益化的实施途径，借鉴先进的管理理论，总结吸收变电站标准化建设经验，系统讲解变电站标准化体系的形势任务、理论基础、构建方法和具体实践，涵盖变电站运维、检修、试验各类生产业务的执行周期、业务流程、工作标准和工作记录。丛书结合变电站生产业务和岗位设置实际，聚焦业务流程清晰、工作标准明确、岗位职责清楚的目标导向，具有很强的先进性、实用性和可推广性，能有效提升变电站工作标准化和管理规范化水平。

丛书以深入浅出的语言讲解管理理论、构建标准化体系、提供实践指导，图文并茂、直观易学，既可作为变电站生产管理和专业技术人员的工作指导用书，也可作为员工职业培训和高等院校电气工程专业学生的实习书籍。

本分册为《变电检修》，共4章，分别为变电检修基础管理标准化规范、检修装备管理标准化规范、设备评价标准化规范、现场作业管理标准化规范，全面系统介绍了人员培训、安全活动、档案资料管理、仪器仪表管理、工机具管理、备品备件管理、生产用车管理、精益化管理评价、设备年度状态评价等17项变电站变电检修业务的执行周期、业务流程、工作标准和工作记录。适用于35~1000kV变电站检修管理人员、检修班长、技术员、工作负责人、班员等岗位。

由于作者水平有限、时间仓促，书中难免存在不足之处，恳请各位专家和读者批评指正。

编者

2019年8月

Contents 》目 录

1 变电检修基础管理标准化规范

1.1 人员培训标准化规范

1.1.1 业务概述

为提升班组人员业务及技能水平，根据工作实际编制年度培训计划、组织实施。

1.1.2 业务流程

人员培训工作流程如图 1－1 所示。

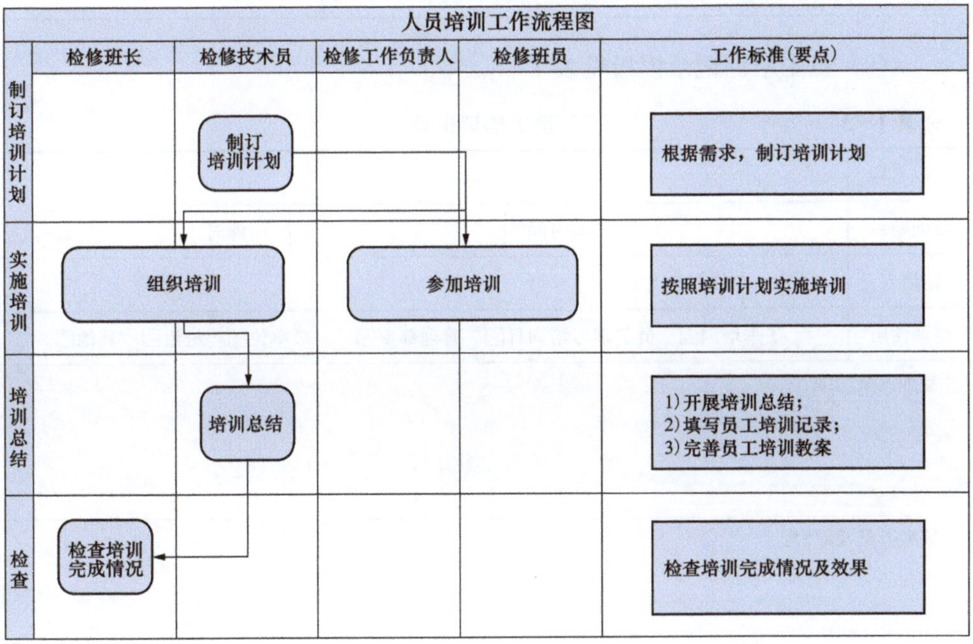

图 1－1 人员培训工作流程图

1.1.3 工作记录

（1）培训计划填报表模板见表 1－1。

表 1-1　　××单位××年度培训计划填报表

填报单位：×××

序号	培训专业	培训内容	培训方式	施培人	培训对象	培训日期	计划学时	负责人	费用预算（元）	考试时间

填报人：×××　　　　填报日期：××××年××月××日

（2）员工培训教案模板见表 1-2。

表 1-2　　员工培训教案

单位名称			
培训计划		培训日期	
培训对象		施培人	
培训内容：			

（3）员工培训记录模板见表 1-3。

表 1-3　　员工培训记录

单位名称					
培训题目		培训时间		课时	
施培人		培训地点			
培训性质	冬季培训□　员工学习培训日□　管理部室□　二级单位□　班组□　其他□				
参加人员明细：					
缺席人员及原因：					
讲课内容：					

1.2 安全活动标准化规范

1.2.1 业务概述

安全活动主要学习安全文件、通报、安全规章制度、安全技术知识、劳动卫生知识。班组应结合事故案例，讨论典型事故，总结吸取事故教训。安全活动应每周开展1次。

1.2.2 业务流程

安全活动工作流程如图1-2所示。

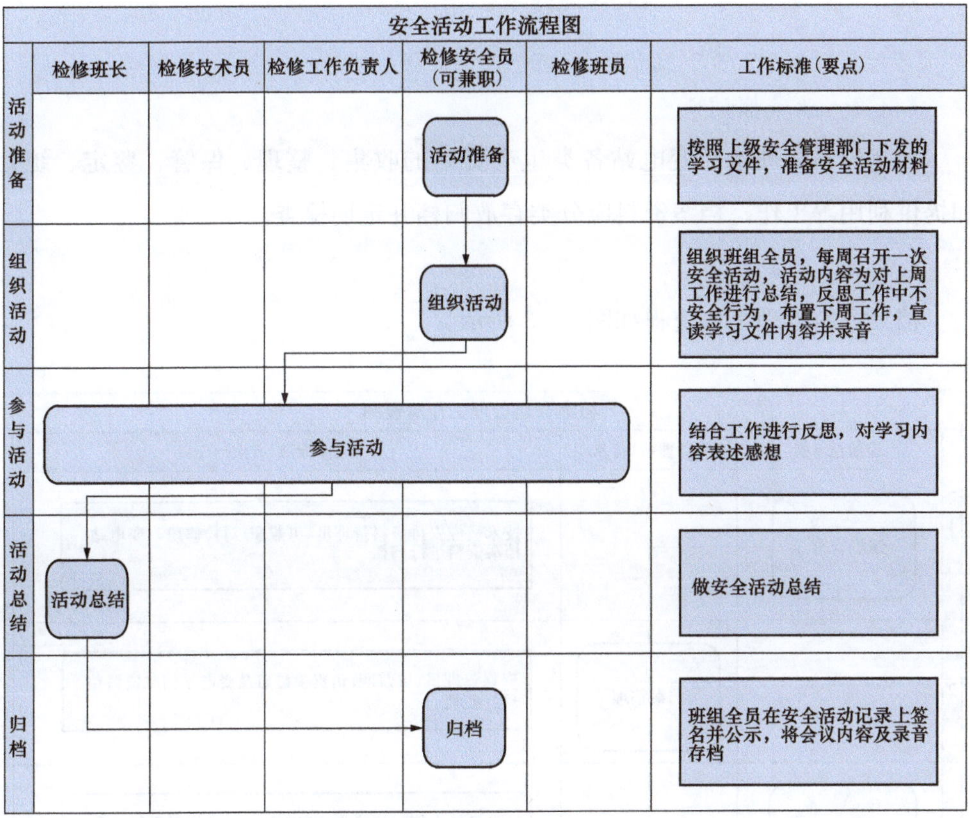

图1-2 安全活动工作流程图

1.2.3 工作记录

安全活动记录模板见表1-4。

表 1-4　　　　　　　　　　安全活动记录

活动主题					
活动时间			主持人		
活动班组			上级参加人员		
本班组参加人员					
缺席人员					
缺席原因					
活动内容					
记录类型		记录人员		记录时间	
参加人员签字					

1.3　档案资料管理标准化规范

1.3.1　业务概述

档案资料管理包括变电站各类生产资料的收集、整理、保管、鉴定、统计和提供利用等工作。档案资料应分类存放归档并定期检查。

1.3.2　业务流程

档案资料管理工作流程如图 1-3 所示。

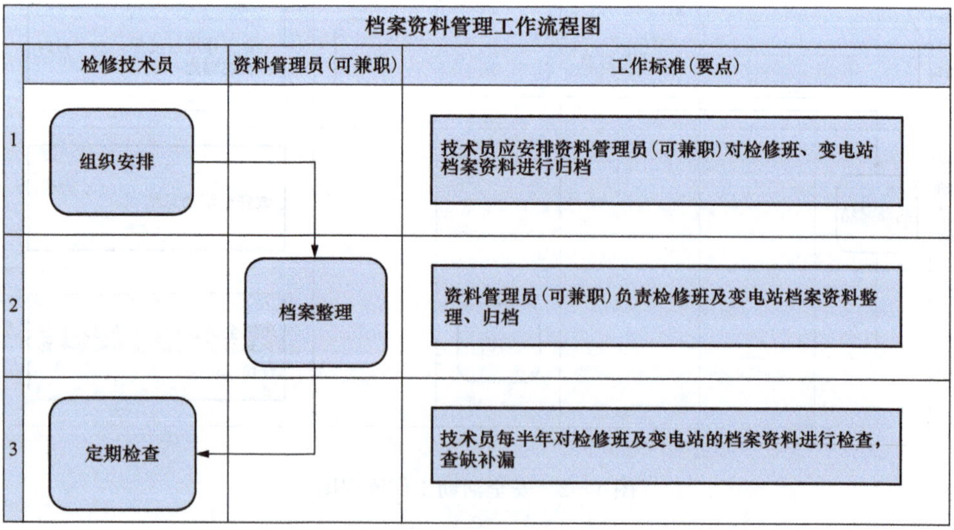

图 1-3　档案资料管理工作流程图

1.3.3 工作记录

（1）档案资料检查记录模板见表1-5。

表1-5 档案资料检查记录

序号	日期	班组名称	检查内容	问题说明	整改情况	班组检查人

（2）变电检修班应具备的资料目录模板见表1-6。

表1-6 变电检修班应具备资料目录

应具备资料类型	检查结果
（一）检修班应具备的法律、法规 1. 中华人民共和国电力法 2. 中华人民共和国消防法 3. 道路交通安全法 4. 电力安全事故应急处置和调查处理条例 5. 生产安全事故报告和调查处理条例 6. 中华人民共和国安全生产法	
（二）检修班应具备的标准、制度 1. 国家电网公司变电检修管理规定（试行）及细则 2. 国家电网公司变电评价管理规定（试行）及细则 3. 国家电网公司变电验收管理规定（试行）及细则 4. 国家电网公司变电运维管理规定（试行）及细则 5. 国家电网公司变电检测管理规定（试行）及细则 6. 国网公司电力安全工作规程（变电部分） 7. 国家电网公司安全事故调查规程 8. 国家电网公司十八项电网重大反事故措施 9. 输变电设备状态检修试验规程 10. 国家电网公司关于印发防止变电站全停十六项措施（试行） 11. 国网内蒙古东部电力有限公司输变电工程验收及启动试运管理办法 12. 国家电网公司电网设备缺陷管理规定 13. 气体绝缘金属封闭开关设备状态评价导则	
（三）检修班应具备的所辖变电站设备档案资料 1. 所辖变电站一次主接线图 2. 所辖变电站站用电系统图	

2 检修装备管理标准化规范

2.1 仪器仪表管理标准化规范

2.1.1 业务概述

仪器仪表管理工作是指仪器仪表台账维护、检查清点、定期检验、使用及存放的管理工作。

班组应配置充足、合格的仪器仪表。应明确管理职责，规范仪器仪表定置管理；明确兼职管理人员，确保仪器仪表始终处于良好状态。

班组应建立仪器仪表台账记录。仪器仪表应存放在专用橱柜内；必要时，专用橱柜内部应设置用于定置固定运检装备的模具，实现仪器仪表可靠固定。

仪器仪表应按照有关规定，由具备资质的检测机构定期检测、试验合格后方可使用，检验合格的装备上应有明显的检验合格证；否则，不得投入现场使用。

仪器仪表借用应按照规定，履行必要的借用手续；明确借用时间、归还时间并交代使用安全责任等。借用的仪器仪表归还时，也应履行验收手续，确保仪器仪表完好、无缺陷重新入库。

仪器仪表库房的温湿度计应定置管理，安装地点应设置温湿度计标识，粘贴在温湿度计正上方。

仪器仪表如有损坏，不得放回原位，应及时上报上级运检管理单位（部门）进行补充、更换。

2.1.2 业务流程

仪器仪表管理工作流程如图 2－1 所示。

2.1.3 工作记录

（1）仪器仪表台账记录模板见表 2－1。

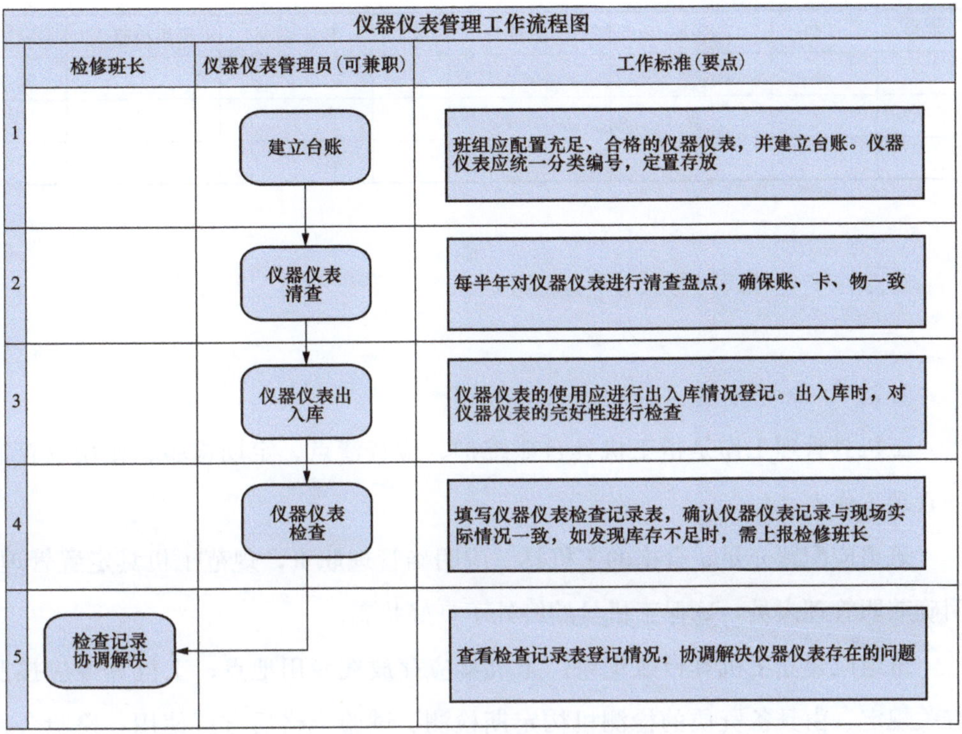

图 2-1　仪器仪表管理工作流程图

表 2-1　　　　　　　　仪器仪表台账记录

序号	名称	规格型号	生产厂家	数量	单位	存放位置

（2）仪器仪表使用记录模板见表 2-2。

表 2-2　　　　　　　　仪器仪表使用记录

序号	名称	规格型号	数量	单位	入库情况			出库情况		
					补充数量	入库时间	责任人	领用数量	领用时间	领用人

（3）仪器仪表检查记录模板见表 2-3。

表 2-3　　仪器仪表检查记录

序号	日期	名称	型号	数量	检查情况	班组检查人	备注

2.2　工机具管理标准化规范

2.2.1　业务概述

工机具管理工作是指工机具台账维护、检查清点、定期检验、使用及存放的管理工作。

班组应配置充足、合格的工机具。应明确管理职责，规范工机具定置管理；明确兼职管理人员，确保工机具始终处于良好状态。

班组应建立工机具台账记录。工机具应存放在专用地点；工机具等应按照有关规定，由具备资质的检测机构定期检测、试验合格后方可使用，检验合格的装备上应有明显的检验合格证；否则，不得投入现场使用。

工机具借用应按照规定，履行必要的借用手续；明确借用时间、归还时间并交代使用安全责任等。借用的工机具归还时，也应履行验收手续，确保工机具完好、无缺陷重新入库。

工机具库房的温湿度计应定置管理，安装地点应设置温湿度计标识，粘贴在温湿度计正上方。

工机具如有损坏，不得放回原位，应及时上报上级运检管理单位（部门）进行补充、更换。

工机具的使用注意事项按照《国家电网公司变电检修管理规定（试行）》［国网（运检/3）831—2017］《第 26 分册　主要机具和仪器使用注意事项》执行。

2.2.2　业务流程

工机具管理工作流程如图 2-2 所示。

2.2.3　工作记录

（1）工机具台账记录模板见表 2-4。

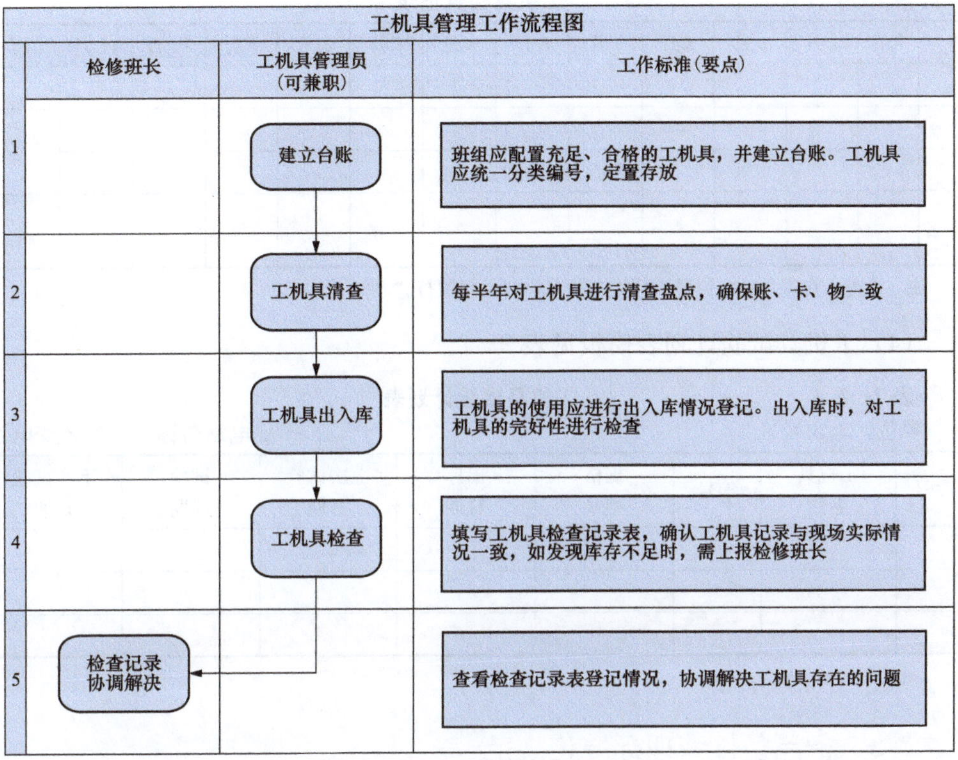

图 2-2　工机具管理工作流程图

表 2-4　　**工机具台账记录**

序号	名称	规格型号	编号	试验周期	生产厂家	出厂日期	备注

（2）工机具使用记录模板见表 2-5。

表 2-5　　**工机具使用记录**

序号	名称	规格型号	数量	单位	入库情况			出库情况		
					补充数量	入库时间	责任人	领用数量	领用时间	领用人

（3）工机具检查记录模板见表 2-6。

表 2-6　　工机具检查记录

序号	名称	1月	2月	3月	4月	5月	6月	7月	8月	9月	10月	11月	12月
签名													

注　检查人在每月对应位置填写检查情况，如无问题打“√”。

（4）工机具试验计划表模板见表 2-7。

表 2-7　　工机具试验计划表

单位：××××　　变电站名称：×××变电站

序号	工机具名称	编号	规格型号	出厂日期	上次试验日期	试验周期	下次试验日期

2.3　备品备件管理标准化规范

2.3.1　业务概述

备品备件管理工作是指备品备件台账维护、检查清点、定期检验、使用及存放的管理工作。

班组应配置充足、合格的备品备件。应明确管理职责，规范备品备件定置管理；明确兼职管理人员，确保备品备件始终处于良好状态。

班组应建立备品备件台账记录。备品备件应存放在专用橱柜内；必要时，专用橱柜内部应设置用于定置固定运检装备的模具，实现备品备件可靠固定。

备品备件应按照有关规定，由具备资质的检测机构定期检测、试验合格后方可使用，检验合格的装备上应有明显的检验合格证；否则，不得投入现场使用。

备品备件借用应按照规定，履行必要的借用手续；明确借用时间、归还时间并交代使用安全责任等。借用的备品备件归还时，也应履行验收手续，确保备品备件完好、无缺陷重新入库。

备品备件库房的温湿度计应定置管理，安装地点应设置温湿度计标识，粘贴在温湿度计正上方。

备品备件如有损坏，不得放回原位，应及时上报上级运检管理单位（部门）进行补充、更换。

2.3.2　业务流程

备品备件管理工作流程如图 2-3 所示。

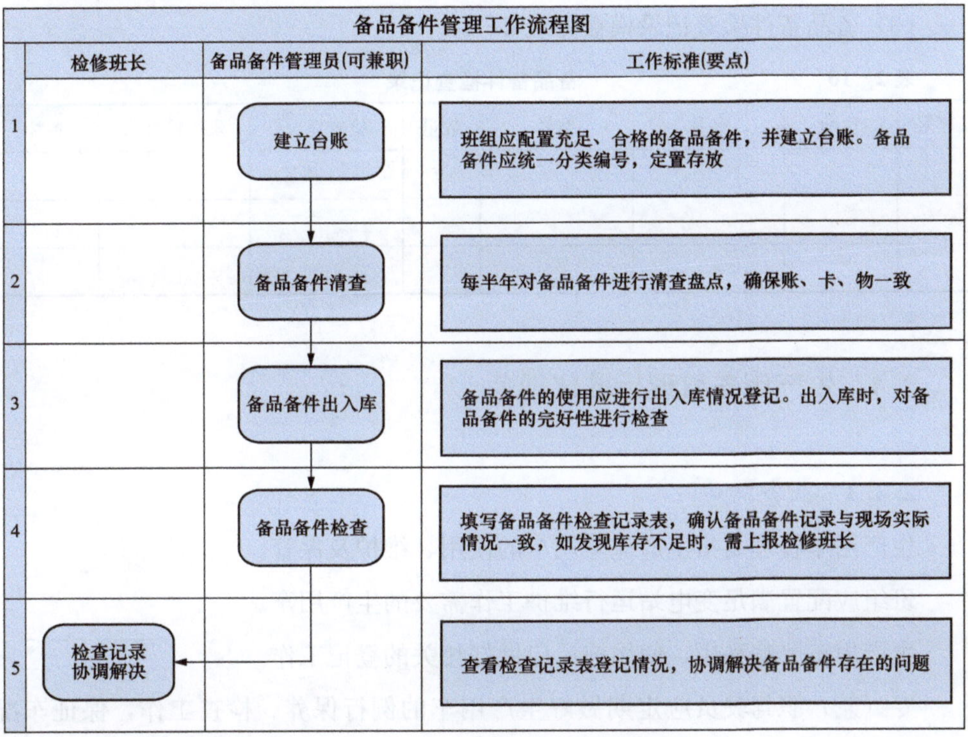

图 2-3　备品备件管理工作流程图

2.3.3　工作记录

（1）备品备件台账记录模板见表 2-8。

表 2-8　　备品备件台账记录

序号	名称	规格型号	生产厂家	数量	单位	存放位置

（2）备品备件使用记录模板见表2-9。

表2-9　　备品备件使用记录

序号	名称	规格型号	数量	单位	入库情况			出库情况		
					补充数量	入库时间	责任人	领用数量	领用时间	领用人

（3）备品备件检查记录模板见表2-10。

表2-10　　备品备件检查记录

序号	日期	名称	型号	数量	检查情况	班组检查人	备注

2.4　生产用车管理标准化规范

2.4.1　业务概述

生产用车管理是指生产保障用车的使用、维护及保管。

班组应配置满足变电站运行维护工作需要的生产用车。

生产用车严禁私用，使用前后应做好相关的登记工作。

专（兼）职驾驶员应定期做好生产用车的例行保养、检查工作，保证车况良好。

专（兼）职驾驶员不得擅自将生产用车交给他人驾驶。

变电站内生产用车行驶应严格遵守限速、限高规定，按照规定的路线行驶和停放。

2.4.2　业务流程

生产用车管理工作流程如图2-4所示。

2.4.3　工作记录

生产用车使用记录模板见表2-11。

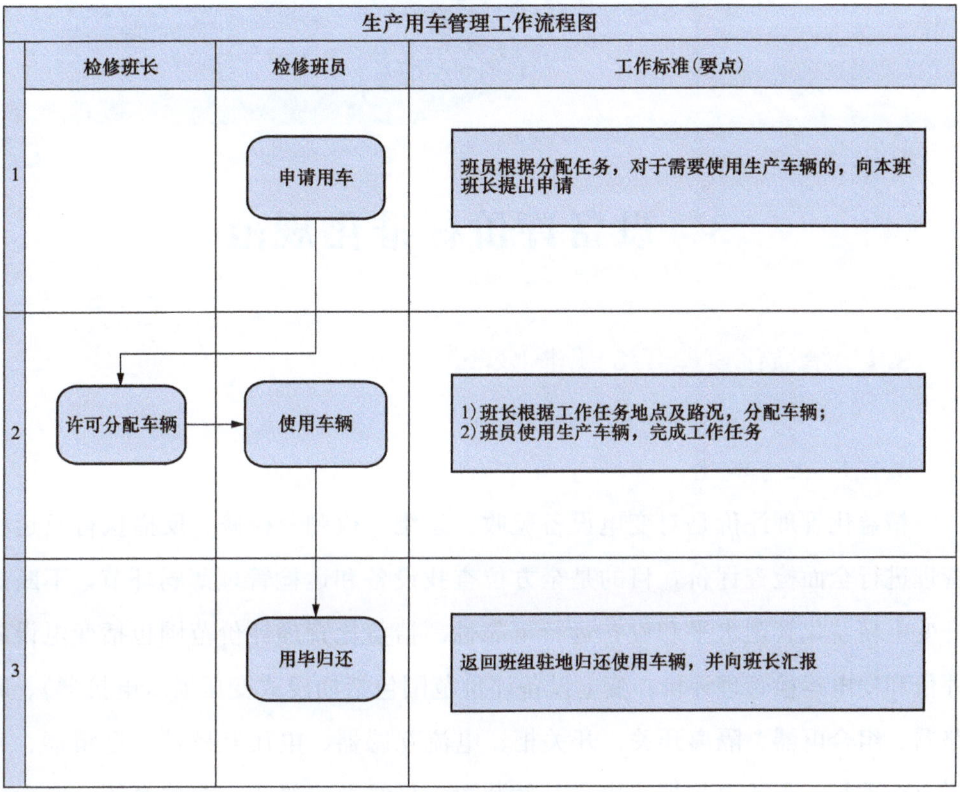

图2-4 生产用车管理工作流程图

表2-11 生产用车使用记录

车牌号：

出车时间	出车用途	驾驶员签字	出发公里数	返回公里数	返回时间

3　设备评价标准化规范

3.1　精益化管理评价标准化规范

3.1.1　业务概述

精益化管理评价是对变电设备验收、运维、检测、检修、反措执行及运检管理进行全面检查评价，目的是全方位查找设备和运检管理薄弱环节，不断提升变电精益化管理水平和设备运行可靠性。精益化管理评价范围包括变电设备评价和变电运检管理评价。变电设备评价范围包括油浸式变压器（电抗器）、断路器、组合电器、隔离开关、开关柜、电流互感器、电压互感器、避雷器、并联电容器组、干式电抗器、串联补偿装置、母线及绝缘子、穿墙套管、电力电缆、消弧线圈、高频阻波器、耦合电容器、高压熔断器、中性点隔直装置、接地装置、端子箱及检修电源箱、站用变压器、站用交流电源系统、构支架、避雷针等25类设备。变电运检管理评价内容是变电运检五项管理规定的落实应用情况，包括组织工作、变电验收、变电运维、变电检测、变电评价和变电检修六部分。

依据《国家电网公司变电评价管理规定（试行）》及细则，对新安装的变电设备开展精益化管理工作，新投运的变电设备在交接验收前完成变电设备精益化管理评价工作，按照零缺陷投运要求，精益化管理评价问题及缺陷应在投运前整改完毕。

各单位应按照精益化管理评价细则，配合运维专业于每年8月前完成变电站设备逐台（相）自评价及评价档案建立工作。对评价中发现的问题要制订整改措施，落实责任人和整改期限，暂时无法整改的要制订预控措施，确保风险可控、在控、能控；需停电整改的问题，应列入年检修计划；需落实资金整改的问题，应列入下一年度生产工程储备项目。

精益化管理评价由运维、检修、试验三个专业联合开展，由运维专业进行评价汇总。

3.1.2 业务流程

精益化管理评价工作流程如图 3-1 所示。

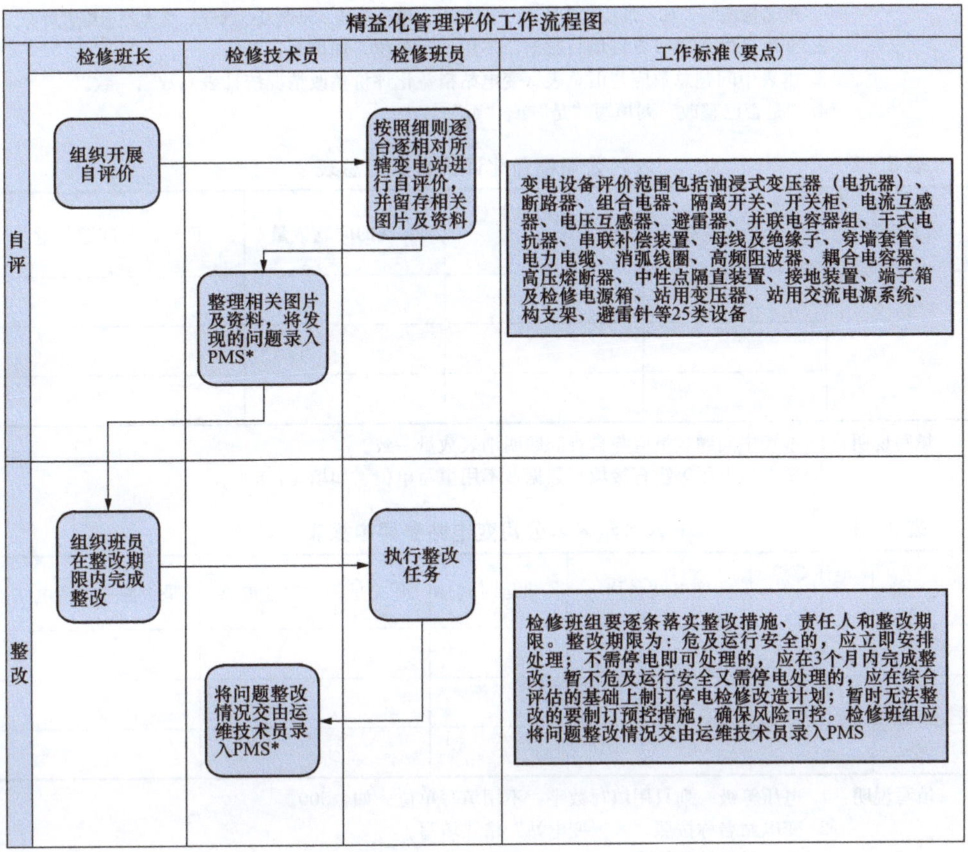

*PMS（production management system）是指生产管理系统。具备 PMS 的电力企业可将工作记录录入 PMS，工作记录模板可用于现场记录，不具备 PMS 的电力企业可参考本书中的工作记录模板。

图 3-1 精益化管理评价工作流程图

3.1.3 工作记录

（1）变电精益化检查问题明细表模板见表 3-1。

（2）精益化评价自查汇总表模板见表 3-2。

（3）变电站参评申报表模板见表 3-3。

表 3-1　变电精益化检查问题明细表

单位	电压等级（kV）	变电站名称	设备类型	设备运行编号	评判小项	问题描述	建议处理措施	排查专家	发现问题日期	是否已整改

填写说明：1. 设备类型按照《变电站精益化管理评价细则》中规定的二十五类设备（包括运检管理）标准名称填写，如：油浸式变压器（电抗器）、组合电器、母线及绝缘子、变电站运维管理等。
2. 变电站电压等级直接填写数据，不用填写单位。如填写：500。
3. 本表中问题总数应与汇总表（变电站精益化评价整改情况统计表）数量一致。
4. “是否已整改”列填写“是”或“否”。

表 3-2　××公司精益化评价自查汇总表

公司名称	变电站名称	变电站电压等级（kV）	发现的问题数量	已整改的问题数量

填写说明：1. 本表中问题数量应与自查问题明细表数量一致。
2. 变电站电压等级直接填写数据，不用填写单位。如填写：500。

表 3-3　××年××公司变电站参评申报表

序号	电压等级（kV）	变电站名称	投运时间	开关是否为组合电器	是否为一类变电站

填写说明：1. 电压等级一列只用填写数字，不用填写单位。如：500。
2. 变电站名称按照“××变电站”格式填写。
3. 投运时间填写格式：××××年××月××日。
4. 变电站内开关有 GIS、HGIS 类组合电器的，“开关是否为组合电器”列填“是”。
5. “是否一类变电站”列填写“是”或“否”。

（4）交流变电站精益化评价整改情况统计表模板见表 3-4。

3.1.4　精益化管理评价指导卡

精益化管理评价指导卡按照《国家电网公司变电评价管理规定（试行）》[国网（运检/3）830—2017] 及细则执行，以隔离开关和接地开关设备为例，模板见表 3-5。

表 3-4

××公司交流变电站精益化评价整改情况统计表

序号	变电站名称	油浸式变压器(电抗器)		断路器		组合电器		隔离开关		开关柜		电流互感器		电压互感器		避雷器		并联电容器组		干式并联电抗器		串联补偿装置		母线及绝缘子		穿墙套管		电力电缆		消弧线圈		高频阻波器		耦合电容器		高压熔断器		中性点隔直装置		接地装置		端子箱及检修电源箱		站用变压器		站用交流电源系统		站用直流电源系统		构支架		辅助设施		土建设施		避雷针		变电站运维管理	
		发现问题数量	已整改数量	发现问题数量	已整改数量	发现问题数量	已整改数量	发现问题数量	已整改数量	发现问题数量	已整改数量	发现问题数量	已整改数量	发现问题数量	已整改数量	发现问题数量	已整改数量	发现问题数量	已整改数量	发现问题数量	已整改数量	发现问题数量	已整改数量	发现问题数量	已整改数量	发现问题数量	已整改数量	发现问题数量	已整改数量	发现问题数量	已整改数量	发现问题数量	已整改数量	发现问题数量	已整改数量	发现问题数量	已整改数量	发现问题数量	已整改数量	发现问题数量	已整改数量	发现问题数量	已整改数量	发现问题数量	已整改数量	发现问题数量	已整改数量	发现问题数量	已整改数量	发现问题数量	已整改数量	发现问题数量	已整改数量	发现问题数量	已整改数量	发现问题数量	已整改数量	发现问题数量	已整改数量
合计																																																											
总体整改率及未整改原因																																																											

注 此表为运维专业汇总版。其中，站用直流电源系统、辅助设施、土建设施 3 类设备由运维专业负责评价。

表 3-5　　隔离开关和接地开关精益化管理评价指导卡（样例）

隔离开关（接地开关）主要信息	变电站名称		设备型号	
	运行编号		生产日期	
	制造厂家		投运日期	
得分（总分 40 分）			评分日期及签字	

序号	评判项目	评判小项	检查方式	检查结果	扣分原则	扣分值
一、技术资料（共计 5 分，扣完为止）					累计扣分：	
1	安装投运技术文件	采购技术协议或技术规范书	查阅资料（正式文件扫描版和复印版均可，试验项目按照设备出厂、投运时的相关标准执行）	□有　□没有	1）没有资料的，扣 0.1 分； 2）有资料的，但项目不齐全、不规范或内容错误的，发现 1 次扣 0.01 分，最多扣 0.05 分	
		出厂试验报告		□有　□没有	1）没有资料的，扣 0.2 分； 2）有资料的，但试验项目不齐全、不规范或内容错误的，发现 1 次扣 0.02 分，最多扣 0.1 分	
		交接试验报告		□有　□没有	1）没有资料的，扣 0.5 分； 2）有资料的，但试验项目不齐全、不规范或内容错误的，发现 1 次扣 0.05 分，最多扣 0.25 分； 3）试验结果与出厂试验报告有明显差异，未开展分析或进行处理的，发现 1 次扣 2 分	

续表

序号	评判项目	评判小项	检查方式	检查结果	扣分原则	扣分值
1	安装投运技术文件	安装调试质量监督检查报告	查阅资料（正式文件扫描版和复印版均可，试验项目按照设备出厂、投运时的相关标准执行）	□有 □没有	1）没有检查报告的，扣0.1分； 2）有报告的，但报告不齐全、不规范或内容错误的，发现1次扣0.01分，最多扣0.05分	
2	检修技术文件	检修记录	PMS检查或查阅资料（最近1次停电检修记录和最近1年的日常检修记录）	□有 □没有	1）没有资料、记录的，扣0.5分； 2）有资料、记录的，但资料不全，记录不规范或错误的，发现1次扣0.05分，最多扣0.25分	
		设备评价报告	PMS检查或查阅资料（近3年的定期评价和动态评价报告）	□有 □没有	1）没有资料、记录的，扣0.5分； 2）有资料、记录的，但资料不全，记录不规范或错误的，发现1次扣0.05分，最多扣0.25分	
3	技术档案	履历卡片	PMS检查或查阅资料	□有 □没有	1）没有资料，扣0.5分； 2）有资料的，但资料不全、不规范或错误的，发现1次扣0.05分，最多扣0.25分	
		工程竣工图纸	查阅资料	□有 □没有	1）没有资料的，扣0.2分； 2）有资料的，但项目不齐全、不规范或内容错误的，发现1次扣0.02分，最多扣0.1分	

续表

序号	评判项目	评判小项	检查方式	检查结果	扣分原则	扣分值
3	技术档案	设备说明书	查阅资料	□有 □没有	1）没有资料的，扣0.2分； 2）有资料的，但项目不齐全，发现1次扣0.02分，最多扣0.1分	
		诊断性试验记录（如有）	PMS检查或查阅资料	□有 □没有	1）进行了诊断性试验，但没有记录的，扣0.2分； 2）有记录，但存在明显不规范或内容错误的，发现1次扣0.02分，最多扣0.1分	
		红外检测记录	PMS检查或查阅资料（近1年红外检测记录）	□有 □没有	1）没有记录的，扣0.5分； 2）有记录的，但检测记录不齐全，未按周期开展检测的，发现一次扣0.1分，最多扣0.5分； 3）检测记录不规范或内容错误的，发现1次扣0.01分，最多扣0.2分	
		停电例行试验报告	PMS检查或查阅资料	□有 □没有	1）没有资料、记录的，扣0.5分； 2）有资料、记录的，但资料不全，记录不规范或错误的，发现1次扣0.05分，最多扣0.25分	
		设备故障记录	PMS检查	□有 □没有	1）没有资料、记录的，扣0.5分； 2）有资料、记录的，但项目不齐全、不规范或内容错误的，发现1次扣0.05分，最多扣0.25分	

续表

序号	评判项目	评判小项	检查方式	检查结果	扣分原则	扣分值
3	技术档案	建立红外图谱库	PMS检查或查阅资料（核查近3年图谱库，每年至少建立1次，应明确测试时间、设备名称、运行编号、负荷情况、环境条件，检测部位应包括触头、引线接头）	□有 □没有	1）未建立图谱库的扣0.5分； 2）建立图谱库的，资料不齐全或检测部位不完整的，缺少1项扣0.05分，最多扣0.25分（完整性由2015年开始检查）	
4	台账	设备基本信息	PMS检查录入是否规范、完整	□有 □没有	必填项参数空缺或错误，发现1次扣0.05分，最多扣1分	
二、本体（共计20分，扣完为止）					累计扣分：	
5	设备标志	设备出厂铭牌齐全、清晰可识别	现场检查	□是 □否	1）无设备出厂铭牌的，扣0.5分； 2）设备铭牌存在锈蚀、不清晰部分超过1/3的，扣0.2分； 3）铭牌安装部位不合理，现场无法准确查看的，扣0.2分	
		运行编号标志清晰可识别		□是 □否	1）无设备运行编号的，运行编号无双重名称的，扣1分； 2）设备运行编号存在锈蚀、不清晰部分超过1/3的，扣0.5分	
		相序标志清晰可识别		□是 □否	1）无相序标志的，扣1分； 2）相序标志存在脱落、锈蚀、脏污等造成不清晰部分超过1/3的，单相扣0.2分，最多扣0.5分	

续表

序号	评判项目	评判小项	检查方式	检查结果	扣分原则	扣分值
6	线夹及引线	抱箍、线夹是否有裂纹、过热现象，压接型设备线夹，朝上 30°～90°安装时应配钻直径 6mm 的排水孔	现场检查	□是 □否	未钻排水孔的，扣 1 分	
		不应使用对接式铜铝过渡线夹，若使用需已制订更换计划	现场检查及查阅资料	□是 □否	不符合要求的，扣 1 分	
		引线无散股、扭曲、断股现象	现场检查	□是 □否	不符合要求的，扣 1.5 分	
		设备与引线连接应可靠，各电气连接处力矩检查合格	现场检查及查阅资料	□是 □否	不符合要求的，扣 1 分	
7	绝缘子	绝缘子表面清洁，无破损、裂纹、放电痕迹，法兰无开裂现象	现场检查及查阅资料	□是 □否	不符合要求的，扣 2 分	
		金属法兰与瓷件胶装部位粘合应牢固，防水胶应完好，复合绝缘子应进行憎水性测试		□是 □否	无防水胶，扣 1 分；胶装喷砂不够均匀，扣 1 分；复合绝缘子无憎水性测试，扣 1 分	
		绝缘子爬电比距应满足所处地区的污秽等级，不满足污秽等级要求的需有防污闪措施		□是 □否 所处污秽等级：______级 要求爬电比距：______mm/kV 现有爬电比距：______mm/kV 现场防污闪措施：______	不符合要求的，扣 1 分	

续表

序号	评判项目	评判小项	检查方式	检查结果	扣分原则	扣分值
7	绝缘子	增爬措施（伞裙、防污涂料）完好，伞群应无塌陷变形，表面无击穿，粘接界面牢固；防污闪涂层不应存在剥离、破损	现场检查及查阅资料	□是 □否	不符合要求的，扣1分	
8	导电回路	导电回路无异常放电声	现场检查	□有 □没有	不符合要求的，扣2分	
		导电臂（管）表面无锈蚀		□有 □没有	锈蚀面积大于400mm²、螺栓锈蚀的，发现1处扣0.1分，最多扣0.5分	
		隔离开关、接地开关触头完好，无异常		□有 □没有	1）存在变形、断裂、部件缺失的，扣2分； 2）钳夹位置、插入深度明显不满足要求的，扣1分	
		均压环无锈蚀、无变形、无破损	现场检查	□有 □没有	1）存在明显变形、破损的，扣1分； 2）存在锈蚀（面积大于400mm²）或螺栓锈蚀的，发现1处扣0.1分，最多扣0.2分	
		导电臂（管）连接螺栓无松动，轴销齐全，软连接无开裂断股		□有 □没有	1）存在螺栓松动、轴销缺失、断裂的，扣1.5分； 2）软连接存在断股的，扣0.5分	
		本体及引线无异物		□有 □没有	不符合要求的，扣1.5分	
9	接地	构支架应有两点与主地网连接	现场检查	□是 □否	不符合要求的，扣1分	
		接地端子应有明显的接地标志，应与设备底座可靠连接，无放电、发热痕迹		□是 □否	不符合要求的，扣1分	

续表

序号	评判项目	评判小项	检查方式	检查结果	扣分原则	扣分值
9	接地	接地引下线完好，接地可靠，接地螺栓直径应不小于12mm，接地引下线截面应满足安装地点短路电流的要求	现场检查	□是 □否	不符合要求的，扣1分	
10	基础与支架	基础无沉降或损坏	现场检查	□是 □否	1）基础沉降、严重损坏扣1分； 2）损坏面积小于10%或裂缝深度小于1mm，扣0.5分	
		支架无锈蚀		□是 □否	1）支架存在变形，锈蚀、变色、表层脱落面积不应大于400mm^2，发现1次扣0.1分； 2）螺栓锈蚀的，导电部位螺栓锈蚀，扣0.1分，非导电部位螺栓锈蚀，扣0.02分； 3）所有部位的锈蚀，最多扣0.5分	
11	传动	传动连杆无锈蚀、无变形	现场检查	□是 □否	1）连杆存在变形，锈蚀、变色、表层脱落面积不应大于400mm^2，发现1次扣0.1分； 2）发现螺栓锈蚀的，扣0.1分； 3）以上两项相加最多扣0.5分	
		破冰装置应完好（如有）		□是 □否	不满足要求的，扣1分	
		传动部件润滑良好，分合闸到位，无卡涩		□是 □否	不满足要求的，扣1.5分	
		传动部件无裂纹，传动连杆及其他外露零件无锈蚀，连接紧固		□是 □否	1）存在变形，锈蚀、变色、表层脱落面积不应大于400mm^2，发现1次扣0.1分； 2）发现螺栓锈蚀的，扣0.1分； 3）以上两项相加最多扣0.5分	

续表

序号	评判项目		评判小项	检查方式	检查结果	扣分原则	扣分值
12	十八项电网重大反事故措施执行	完善化要求	对不符合国家电网公司关于高压隔离开关订货的有关规定完善化技术要求的 72.5kV 及以上隔离开关应已进行完善化改造或更换	资料检查	□是 □否	不符合要求的，扣 4.5 分	
		回路电阻测量	新安装或大修（A、B 类检修）后的隔离开关应进行回路电阻测试	现场检查试验记录	□是 □否 出厂时回路电阻值：__μΩ 新安装时回路电阻值：__μΩ 检修后回路电阻值：__μΩ	不符合要求的，扣 4.5 分（2013 年以后未开展的扣分，之前未开展不扣）	
		红外检测	定期或重负荷期间用红外测温设备检查设备接头温度	现场检查运行记录	□是 □否	不符合要求的，扣 4.5 分	
		防水层检查	应结合例行试验对瓷质套管法兰浇装部位防水层完好情况进行检查，必要时应重新复涂防水胶	查阅资料	□是 □否	不符合要求的，扣 4.5 分	
		电机电源检查	2013 年及以后投运的变电站，同一间隔内的多台隔离开关的电机电源，在端子箱内必须分别设置独立的开断设备；2013 年以前投运的变电站，如不满足要求，需有整改计划	现场检查	□是 □否	不符合要求的，扣 4.5 分	

续表

序号	评判项目		评判小项	检查方式	检查结果	扣分原则	扣分值
12	十八项电网重大反事故措施执行	闭锁要求	隔离开关与其所配的接地开关间配有可靠的机械闭锁，机械闭锁应有足够的强度	现场检查和检查记录	□是 □否	不满足要求的，扣 6 分	
		主拐臂检查	单柱垂直伸缩式隔离开关调试时应保证隔离开关主拐臂过死点		□是 □否	检查未过死点或无检查记录的，扣 3 分	
13	设备缺陷情况		评价人员新发现本体或附件存在严重及以上缺陷	现场检查并进行 PMS 核查（不含本细则已列条款及 PMS 已填报缺陷）	□是 □否	不符合要求的，发现 1 次扣 2 分	
三、操动机构（共计 15 分，扣完为止）						累计扣分：	
14	机构箱		机构箱密封良好，箱内无水迹，有加热或驱潮措施。若使用加热器其位置应与各元件、电缆及电线的距离大于 50mm	现场检查及查阅资料	□是 □否	不符合要求的，扣 1.5 分	
			外观完整、无损伤、接地良好，箱门与箱体之间接地连接铜线截面积不小于 $4mm^2$		□是 □否	不符合要求的，扣 1.5 分	
			机构箱内二次元器件完好，可操作的二次元器件应有中文标志并齐全正确		□是 □否	发现 1 处扣 0.2 分，最多扣 1 分	

续表

序号	评判项目	评判小项	检查方式	检查结果	扣分原则	扣分值
14	机构箱	机构箱内无异物，无遗留工具和备件	现场检查及查阅资料	□是 □否	不符合要求的，扣1.5分	
		二次接线布置整齐，无松动、无损坏，二次电缆走向标牌应完整		□是 □否	1）二次电缆布置混乱，存在松动、损坏现象的，发现1处扣0.01分，最多扣0.2分； 2）电缆号牌、走向标牌存在缺失现象，发现1处扣0.2分，最多扣1分	
		箱内端子排无锈蚀，二次电缆绝缘层无变色、老化、损坏现象，辅助和控制回路绝缘电阻应大于10MΩ		□是 □否	不符合要求的，扣1.5分	
		辅助触点无松动、锈蚀、破损现象		□是 □否	发现1处扣0.2分，最多扣1分	
		由隔离开关本体机构箱至就地端子箱之间的二次电缆的屏蔽层应在就地端子箱处可靠连接至等电位接地网的铜排上，在本体机构箱内不接地		□是 □否	不符合要求的，扣1.5分	
		操作电动机“电动/手动”切换把手外观无异常，操作功能正常		□是 □否	1）存在异常或没有检查记录的，扣0.5分； 2）有检查记录的，但记录不全、不规范或存在明显错误的，发现1次扣0.05分，最多扣0.25分	
		“远方/就地”切换把手、“合闸/分闸”控制把手外观无异常，操作功能正常		□是 □否	1）存在异常或没有检查记录的，扣0.5分； 2）有检查记录的，但记录不全、不规范或存在明显错误的，发现1次扣0.05分，最多扣0.25分	

续表

序号	评判项目	评判小项	检查方式	检查结果	扣分原则	扣分值
14	机构箱	电动机行程开关动作正确可靠	现场检查及查阅资料	□是 □否	1）存在异常或没有检查记录的，扣0.5分； 2）有检查记录的，但记录不全、不规范或存在明显错误的，发现1次扣0.05分，最多扣0.25分	
		设备电动、手动操作正常，手动操作闭锁，电动操作正确		□是 □否	1）存在异常或没有检查记录的，扣0.5分； 2）有检查记录的，但记录不全、不规范或存在明显错误的，发现1次扣0.05分，最多扣0.25分	
		操动机构各转动部件灵活、无卡涩现象		□是 □否	1）存在异常或没有检查记录的，扣0.5分； 2）有检查记录的，但记录不全、不规范或存在明显错误的，发现1次扣0.05分，最多扣0.25分	
		辅助开关转动灵活，触点到位，功能正常，辅助开关接线正确，齿轮箱机械限位准确可靠		□是 □否	1）存在异常或没有检查记录的，扣0.5分； 2）有检查记录的，但记录不全、不规范或存在明显错误的，发现1次扣0.05分，最多扣0.25分	

评分说明：1. 隔离开关（接地开关）以台为单位（每相为1台，若三相同体，计为1台），每台设备分别根据评分表进行评分，该类设备得分＝该类所有设备总得分/该类设备台数。
2. 无功补偿系统和站用电系统的非GIS、开关柜式隔离开关（110、66、35、10kV），根据本评分表进行评分。
3. 超B类接地开关辅助灭弧装置参照断路器评价细则进行评分。

3.2 设备年度状态评价标准化规范

3.2.1 业务概述

设备年度状态评价工作是综合专业巡视、带电检测、在线监测、例行试验、诊断性试验等各种技术手段，依据《国家电网公司输变电设备状态评价导则》每年集中组织开展的变电设备状态评价工作。设备年度状态评价的目的是全面掌握设备运行状态，准确评价设备健康状况，科学制订设备检修策略，保证设备安全稳定运行。设备年度状态评价范围为交流变压器（油浸式高压并联电抗器）、SF_6高压断路器、组合电器、隔离开关和接地开关、电流互感器、电压互感器、金属氧化物避雷器、并联电容器装置（集合式电容器装置）、开关柜、干式并联电抗器、交直流穿墙套管、消弧线圈装置、变电站防雷及接地装置、变电站直流系统、所用电系统等15类设备。这项工作由上级运检管理单位（部门）抽调检修、运维、试验三个专业技术骨干开展，每年5月，由试验专业牵头组织开展并出具评价报告，检修专业依据评价报告出具检修策略。

3.2.2 业务流程

设备年度状态评价工作流程如图3－2所示。

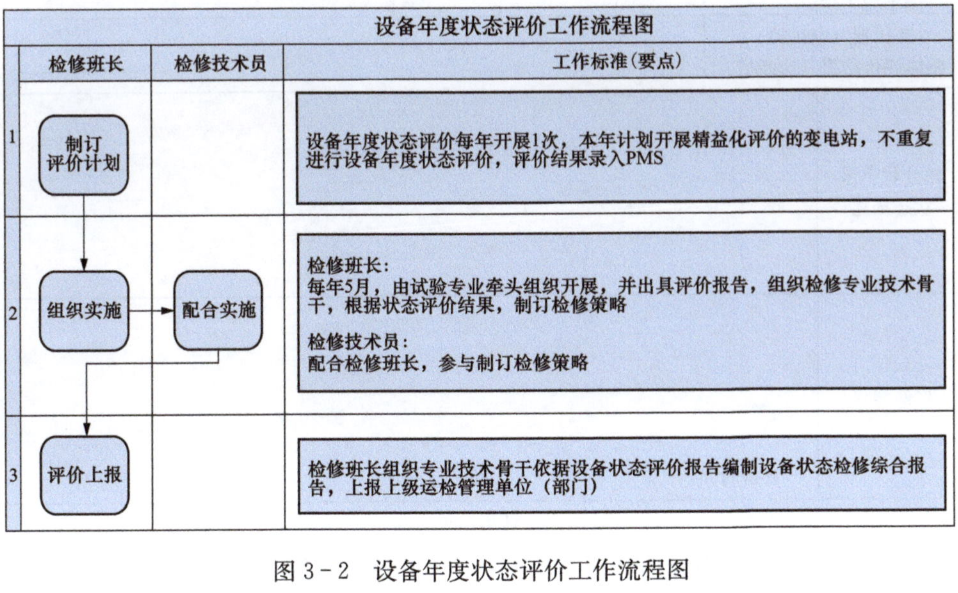

图3－2 设备年度状态评价工作流程图

3.2.3 工作记录

（1）设备年度状态评价报告模板见表3-6。

表3-6　　×××变压器（电抗器）年度状态评价报告

<table>
<tr><td rowspan="6">设备资料</td><td>变电站</td><td></td><td>运行编号</td><td></td><td>设备型号</td><td></td></tr>
<tr><td>额定容量（MVA）</td><td></td><td>电压组合</td><td></td><td>额定电压（kV）</td><td></td></tr>
<tr><td>额定电流（A）</td><td></td><td>绕组型式</td><td></td><td>冷却方式</td><td></td></tr>
<tr><td>出厂日期</td><td></td><td>出厂编号</td><td></td><td>投运日期</td><td></td></tr>
<tr><td>生产厂家</td><td colspan="3"></td><td>上次检修分类</td><td></td></tr>
<tr><td>上次检修日期</td><td></td><td>上次试验日期</td><td></td><td>上次试验性质</td><td></td></tr>
<tr><td colspan="3">变压器（电抗器）上次整体评价结果/时间</td><td colspan="4"></td></tr>
</table>

<table>
<tr><td colspan="7">部件评价结果</td></tr>
<tr><td colspan="2">评价指标</td><td>本体</td><td>套管</td><td>分接开关</td><td>冷却系统</td><td>非电量保护</td></tr>
<tr><td colspan="2">单项最大扣分</td><td></td><td></td><td></td><td></td><td></td></tr>
<tr><td colspan="2">合计扣分</td><td></td><td></td><td></td><td></td><td></td></tr>
<tr><td colspan="2">状态定级</td><td></td><td></td><td></td><td></td><td></td></tr>
<tr><td rowspan="2">试验诊断情况</td><td>待诊断状态量</td><td></td><td></td><td></td><td></td><td></td></tr>
<tr><td>诊断结果</td><td></td><td></td><td></td><td></td><td></td></tr>
<tr><td colspan="3">变压器（电抗器）整体评价结果（诊断后）</td><td colspan="4"></td></tr>
<tr><td colspan="2">扣分状态量状态描述</td><td colspan="5"></td></tr>
<tr><td colspan="2">检修建议</td><td colspan="5">评价时间：　　评价人：　　审核：</td></tr>
<tr><td colspan="7">评价结果</td></tr>
<tr><td colspan="7">□正常状态　□注意状态　□异常状态　□严重状态</td></tr>
</table>

(2) 变电设备检修策略卡。

变电设备检修策略卡按照《国家电网公司变电评价管理规定(试行)》[国网(运检/3)830—2017]及细则执行,以油浸式变压器(电抗器)设备为例,模板见表3-7。

表3-7　油浸式变压器(电抗器)检修策略

序号	评价项目	实际状态	检修策略
一、本体			
1	短路电流、短路次数	短路冲击电流达到允许短路电流的50%~70%,次数累计达到6次及以上	适时开展B类或C类检修,对变压器进行例行试验及绕组变形等诊断性试验,进行综合分析判断后处理,若油色谱异常,必要时进行局部放电试验,视进一步试验结果进行处理
		短路冲击电流达到允许短路电流的70%~90%	
		短路冲击电流达到允许短路电流的90%以上	立即开展B类或C类检修,对变压器进行例行试验及绕组变形等诊断性试验,进行综合分析判断后处理,若油色谱异常,必要时进行局部放电试验,视进一步试验结果进行处理
2	变压器过负荷	达到短期急救负载运行规定或长期急救负载运行规定	监视油位、油温,进行红外检测、油中溶解气体分析、油中糠醛含量等D类检修,适时安排诊断性试验进行综合分析,根据诊断性试验结果安排B类或A类检修
3	过励磁	达到变压器过励磁限值	开展油中溶解气体分析等D类检修,根据试验结果适时安排停电检修
4	油枕密封元件(胶囊、隔膜、金属膨胀器)	金属膨胀器有卡滞、隔膜式油枕密封面有渗油;金属膨胀器破裂,胶囊、隔膜破损或胶囊和隔膜运行年限已超过15年	安排B类检修,更换金属膨胀器或胶囊、隔膜
5	漏油	有轻微渗漏(但渗漏部位位于非负压区),不快于每滴5s	根据渗漏部位、渗漏严重程度,适时安排D类或B类检修
		渗漏位于负压区或油滴速度快于每滴5s或形成油流	
6	噪声及振动	噪声、振动异常	进行油中溶解气体分析等D类检修;如油色谱异常,进行B类检修,检查绕组是否存在变形,内部紧固件是否有松动,开展A类检修
7	压力释放阀动作	动作(周围有油迹)	开展D类或B类检修,进行变压器诊断性试验,若变压器故障,开展A类检修

续表

序号	评价项目	实际状态	检修策略
8	气体继电器动作	轻瓦斯发信，且色谱异常或重瓦斯动作	进行诊断性试验，根据试验结果开展B类或A类检修，必要时进行返厂处理
9	绕组直流电阻	1）1.6MVA以上变压器，各相绕组相互间的差别大于三相平均值的2%，无中性点引出线的绕组，线间偏差大于三相平均值的1%，1.6MVA以下变压器，各相绕组相互间的差别大于三相平均值的4%，无中性点引出线的绕组，线间偏差大于三相平均值的2%； 2）与以前相同部位测得值折算到相同温度其变化大于2%； 3）三相间阻值大小关系与出厂不一致	进行诊断性试验，结合油色谱、绕组绝缘、介质损耗和电容量等试验结果，综合分析，开展B类或A类检修
10	绕组介质损耗因数	介质损耗因数未超标准限值，但有显著性差异	结合油微水、油介质损耗等其他试验数据，进行综合分析，必要时开展B类检修或A类检修，进行油处理或返厂检修
		介质损耗因数超标、电容量无明显变化： 330kV及以上：≤0.005 110（66）～220kV：≤0.008 35kV及以下：≤0.015	
11	电容量	绕组电容变化大于5%	结合绕组频响、低电压短路阻抗等其他试验数据，进行综合分析，必要时开展A类检修，重点关注绕组变形、移位、地屏蔽接地不良等缺陷
12	铁心绝缘	1）铁心绝缘电阻小于100MΩ； 2）铁心接地电流超标： >0.1A　750kV及以下 >0.3A　1000kV	检查铁心外部接地方式，如无异常，加装限流装置，加强铁心接地电流和油色谱跟踪，适时安排B类检修
13	绕组绝缘电阻、吸收比或极化指数	吸收比小于1.3，极化指数小于1.5且绝缘电阻大于10000MΩ	结合油微水、油介质损耗等其他试验数据，进行综合分析，必要时开展B类检修，进行油处理或返厂检修
14	绕组频率响应测试	绕组频率响应测试反映绕组有变形	结合油色谱、低电压短路阻抗和绕组电容量等诊断性试验结果，综合分析，根据变形严重程度开展A类检修
15	短路阻抗	短路阻抗与原始值有差异，但偏差小于2%（100MVA以上或220kV以上的变压器小于1.6%）	加强D类检修，结合油色谱、绕组频响和绕组电容量等诊断性试验结果，综合分析，根据变形严重程度开展A类检修
		短路阻抗与原始值的差异大于2%（100MVA以上或220kV以上的变压器大于1.6%），但小于3%	
		短路阻抗与原始值的差异大于3%	

续表

序号	评价项目		实际状态	检修策略
16	绝缘油介质损耗因数（$\tan\delta$）		220kV 及以下变压器 $\tan\delta \geqslant 0.04$ 500（330）kV 及以上变压器 $\tan\delta \geqslant 0.02$	加强D类检修，结合其他试验项目进行综合分析，必要时开展B类检修，进行油处理
17	油击穿电压		油击穿电压 110（66）变压器≤35kV；220kV 变压器≤40kV；500（330）kV 变压器≤50kV；1000（750）kV 变压器≤60kV	
18	油中水分		110（66）kV 变压器≥35mg/L；220kV 变压器≥25mg/L；500（330）kV 及以上变压器≥15mg/L；1000kV 变压器≥10mg/L	
19	油中含气量		500（330）kV 变压器＞3%；750kV 变压器＞2%；500（330）kV 及以上电抗器＞5%	
20	绝缘纸聚合度		绝缘纸聚合度≤250	开展A类检修，更换变压器
21	红外测温		油箱红外测温异常	加强D类检修，进行油色谱跟踪分析和红外检测，查明原因，及时处理，必要时开展C类或A类检修
22	油中溶解气体分析	总烃	总烃含量大于 150μL/L	加强D类检修，必要时进行B类检修，结合绕组电阻、绕组绝缘等诊断性试验，进行综合分析，若存在内部故障，开展A类检修
			产气速率大于 10%/月	
		C_2H_2	超过下列值时应引起注意：$C_2H_2 \leqslant 1$（330kV 及以上）（μL/L），$C_2H_2 \leqslant 5$（其他）（μL/L）	
		CO、CO_2	CO 含量有明显增长	加强D类检修，必要时测量油中糠醛含量，进行B类检修，结合绕组电阻、绕组绝缘等诊断性试验，进行综合分析，若存在内部故障，开展A类检修
		H_2	H_2 含量大于 150μL/L	结合油微水等诊断性试验结果，以及色谱的其他组分含量，进行综合分析，加强D类检修，必要时进行B类检修
23	变压器中性点直流电流测试		中性点直流电流大于 3A	根据变压器招标技术文件要求，考虑对中性点采取直流限制措施
24	局部放电（带电检测）		存在典型放电图谱	结合油色谱等诊断性试验结果，进行综合分析，加强D类检修，必要时进行B类检修或A类检修

续表

序号	评价项目	实际状态	检修策略
二、套管			
25	外绝缘	外绝缘配置不满足要求，且未采取措施	进行B类检修，喷涂防污闪涂料或加装防污闪辅助伞裙，必要时更换变压器套管
26	外观	套管及组件破损或严重渗漏	进行B类检修，更换套管组件或套管
27	绝缘电阻	主屏<10000MΩ或末屏<1000MΩ	结合套管介质损耗进行分析，必要时开展B类检修，更换套管
28	介质损耗因数	介质损耗因数值达到标准限值的70%，且变化大于30%	结合套管电容量、绝缘电阻、油色谱等诊断性试验结果进行综合分析，缩短C类检修周期，必要时开展B类检修，更换套管
		介质损耗超过标准要求	结合套管电容量、绝缘电阻、油色谱等诊断性试验结果进行综合分析，开展B类检修，更换套管
29	电容量	电容量初值差超过±5%	进行B类检修，更换套管
30	末屏	末屏异常不接地引起放电	开展B类检修
31	油中溶解气体分析 CH_4	大于40μL/L	进行B类检修，更换套管
	C_2H_2	$C_2H_2>1$（220kV及以上）；$C_2H_2>2$（其他）（μL/L）（注意值）	
	CO、CO_2	CO含量有明显增长	
	H_2	H_2含量大于140μL/L	
32	红外测温	接头发热或本体温度场分布异常	进行C类检修或B类检修
三、冷却系统			
33	电机运行	风机运行异常	进行检查、试验，必要时进行D类或B类检修
		油泵、水泵及油流继电器工作异常	
34	冷却装置控制系统	冷却器控制系统异常	
35	冷却装置散热效果	冷却装置表面有积污，但对冷却效果影响较小	进行D类检修，加强运行巡视和红外测温，必要时对冷却装置进行清洗
		冷却装置表面积污严重，对冷却效果影响明显	
36	漏油	渗漏位于负压区或油滴速度快于每滴5s或形成油流有轻微渗油	根据渗漏部位、渗漏严重程度，适时安排D类或B类检修
		未形成油滴，部位位于非负压区	

续表

序号	评价项目		实际状态	检修策略
四、分接开关				
37	有载	油位	油位异常	进行实际油位测量，根据检查结果开展D类或B类检修，调整油位、维修或更换油位表
38	有载	吸湿器	吸湿器油封异常，或吸湿器呼吸不畅通，或硅胶潮解变色部分超过总量的2/3或硅胶自上而下变色	开展D类检修消除缺陷
			吸湿器无呼吸	
39	有载	分接位置	有载分接开关的分接位置异常	查找原因，根据检查结果开展D类或B类检修
40	有载	渗漏	有轻微渗漏	开展渗漏检查，根据检查结果安排D类或B类检修
41	有载	渗漏	渗漏严重	
42	有载	切换次数	分接开关切换次数超过厂家规定检修次数未检修或与前次检修间隔超过厂家规定时间	结合下次停电检修吊出有载分接开关进行B类检修
43	有载	在线滤油装置	在线滤油装置压力异常	进行D类检修，更换相关部件
44	有载	传动机构	电机运行异常或传动机构传动卡涩	查找原因，进行D类或B类检修
45	有载	限位装置失灵	装置失灵	查找原因，进行D类或B类检修
46	有载	滑挡	滑挡	加强D类检修，必要时进行C类或B类检修
47	有载	控制回路	控制回路失灵，过流闭锁异常	进行D类检修，处理控制回路异常缺陷
48	有载	动作特性	动作特性试验不合格	进行B类检修，必要时更换分接开关
49	有载	油耐压	不合格	加强D类检修，必要时进行B类检修
50	无载	操动机构及挡位指示	挡位指示模糊或机械闭锁不可靠	进行防腐处理，修理机械止位销，必要时进行B类检修，更换指示机构
五、非电量保护装置（此处仅评装置，动作及指示情况在本体部分评价）				
51	温度计		温度计指示异常，二次回路绝缘电阻不合格	开展D类检修，检查表计及二次回路，必要时进行B类检修，更换温度计
52	油位指示计		油位计指示异常	进行实际油位测量，根据检测结果进行D类或B类检修，必要时更换油位指示计
53	压力释放阀		发生过误动；二次回路绝缘电阻不合格	开展D类检修，检查二次回路；必要时进行B类检修，更换压力释放阀

续表

序号	评价项目	实际状态	检修策略
54	压力突变继电器	压力突变继电器有渗漏油现象，二次回路绝缘电阻不合格	开展D类检修，检查二次回路，处理渗漏油，必要时进行B类检修，更换压力突变继电器
55	气体继电器	气体继电器有渗漏油现象，二次回路绝缘电阻不合格	开展D类检修，检查二次回路，处理渗漏油；必要时进行B类检修，更换气体继电器

（3）变电设备状态检修综合报告模板如下。

××年××变电设备状态检修综合报告

一、设备基本情况

××变电站（开关站）、××变电站（开关站）等××座变电站共有主变压器××台（总容量××MVA），500kV并联电抗器××台，500kV组合电器××个间隔，500kV断路器××组，500kV隔离开关××组，500kV避雷器××台，500kV电压互感器××台。

二、设备状态评价情况

××变电站（开关站）、××变电站（开关站）等××座变电站中，××台并联电抗器评价为异常状态，××台断路器评价为严重状态。异常、严重状态设备的详细评价情况见设备状态评价报告。

（4）设备状态统计表模板见表3-8。

表3-8　设备状态统计表　台/套

设备类型	110（66）kV 设备数量					220kV 设备数量					500（330）kV 设备数量					合计					各种状态设备所占比例(%)			
	总数	正常状态	注意状态	异常状态	严重状态	总数	正常状态	注意状态	异常状态	严重状态	总数	正常状态	注意状态	异常状态	严重状态	总数	正常状态	注意状态	异常状态	严重状态	正常状态	注意状态	异常状态	严重状态
变压器（电抗器）																								
断路器																								
组合电器																								
隔离开关																								
避雷器																								
……																								
共计																								

（5）停电检修设备统计表模板见表3-9。

表3-9　　××年评价需要停电检修设备统计表　　台/套

设备类型	110（66）kV设备数量				220kV设备数量				500（330）kV设备数量				××年检修合计				各类检修占停电检修总数比例(%)			变电一次设备总数	××年停电检修比例（%）
	总数	A类检修	B类检修	C类检修	总数	A类检修	B类检修	C类检修	总数	A类检修	B类检修	C类检修	总数	A类检修	B类检修	C类检修	A类检修	B类检修	C类检修		
变压器（电抗器）																					
断路器																					
组合电器																					
隔离开关																					
避雷器																					
……																					
共计																					

（6）逐站评价模板见表3-10。

表3-10　　逐站评价

<table>
<tr><td>变电站名称</td><td colspan="2"></td><td>电压等级</td><td></td></tr>
<tr><td>评价设备数量（台、组、套）</td><td colspan="2"></td><td>评价时间</td><td></td></tr>
<tr><td colspan="5">分类评价结果（台）</td></tr>
<tr><td>设备状况</td><td>正常状态</td><td>注意状态</td><td>异常状态</td><td>严重状态</td></tr>
<tr><td>设备数量</td><td></td><td></td><td></td><td></td></tr>
<tr><td>各状态所占百分比</td><td></td><td></td><td></td><td></td></tr>
<tr><td>注意状态设备原因分析</td><td colspan="4"></td></tr>
<tr><td>异常状态设备原因分析</td><td colspan="4"></td></tr>
<tr><td>严重状态设备原因分析</td><td colspan="4"></td></tr>
<tr><td>设备风险分析</td><td colspan="4"></td></tr>
<tr><td>根据基建、技改、停电计划、可靠性，需要修正周期的设备及原因说明</td><td colspan="4"></td></tr>
<tr><td>检修决策</td><td colspan="4"></td></tr>
<tr><td>备注</td><td colspan="4"></td></tr>
</table>

3.2.4 设备状态评价指导卡

设备状态评价指导卡按照《国家电网公司输变电设备状态评价导则》执行，以隔离开关和接地开关设备为例，评价标准见表3-11～表3-13。

表3-11 隔离开关和接地开关状态量扣分值

状态量状态	基本扣分＼权重系数	1	2	3	4
Ⅰ	2	2	4	6	8
Ⅱ	4	4	8	12	16
Ⅲ	8	8	16	24	32
Ⅳ	10	10	20	30	40

表3-12 隔离开关和接地开关状态量与评价扣分对应表

正常状态	注意状态		异常状态	严重状态
合计扣分	合计扣分	单项扣分	单项扣分	单项扣分
＜30	≥30	12～16	20～24	≥30

表3-13 隔离开关和接地开关状态量评价标准

序号	状态量		劣化程度	基本扣分	判断依据	权重系数	扣分值（基本扣分×权重）
	分类	状态量名称					
1	家族缺陷	同厂、同型、同期设备的故障信息	Ⅱ	4	一般缺陷未整改	2	
			Ⅳ	10	严重缺陷未整改		
2	外绝缘水平	爬电比距	Ⅳ	10	不满足最新污秽等级要求且没有采取防污闪措施	3	
		爬电系数	Ⅳ	10	不满足要求		
3	运行巡检	导电回路放电	Ⅲ	8	出现异常放电声	2	
4		累计机械操作次数	Ⅳ	10	超过制造厂规定值	4	
5		瓷柱污染	Ⅱ	4	瓷柱外表有明显污秽	3	
			Ⅳ	10	瓷柱外表有严重污秽		
6		瓷柱破损	Ⅰ	2	瓷柱有轻微破损		
			Ⅱ	4	瓷柱有较严重破损，但破损位不影响短期运行		
			Ⅳ	10	瓷柱有严重破损或裂纹		
7		瓷柱放电	Ⅰ	2	瓷柱外表面有轻微放电或轻微电晕		
			Ⅳ	10	瓷柱外表面有明显放电或较严重电晕		
8		导电回路	Ⅱ	4	导体出现腐蚀现象	3	

续表

序号	状态量		劣化程度	基本扣分	判断依据	权重系数	扣分值（基本扣分×权重）
	分类	状态量名称					
9	运行巡检	一次接线端子	Ⅲ	8	出现裂纹或破损	3	
10		传动部件	Ⅲ	8	分合闸不到位，存在卡涩现象	2	
			Ⅲ	8	出现裂纹、紧固件松动等现象		
11		机构箱密封	Ⅰ	2	密封不良	3	
			Ⅳ	10	密封不良，箱内有积水		
12		基础及支架 基础破损	Ⅳ	10	基础有严重破损或开裂	1	
		基础及支架 基础下沉	Ⅲ	8	基础有轻微下沉或倾斜	4	
			Ⅳ	10	基础有严重下沉或倾斜，影响设备安全运行		
		基础及支架 支架锈蚀	Ⅳ	10	支架有严重锈蚀	1	
		基础及支架 支架松动	Ⅳ	10	支架有松动或变形	3	
13		红外热像检测	Ⅲ	8	触头及设备线夹等部位温度为90～130℃，或相对温差为80%～95%时	4	
			Ⅳ	10	触头及设备线夹等部位温度>130℃，或相对温差>95%时	4	
14		加热器、动作计数器、机械指示状态	Ⅰ	2	不能投入或失灵	1	
15		均压环	Ⅳ	10	严重锈蚀、变形、破损	2	
16		软连接	Ⅰ	2	连接断片或松股小于5%	2	
			Ⅱ	4	连接断片或松股超过5%，但小于20%		
17		设备标牌	Ⅱ	4	设备编号标识不齐全或模糊不能辨识	1	
18		其他	Ⅰ	2			
19	试验	二次回路绝缘电阻	Ⅱ	4	二次回路绝缘电阻低于2MΩ	3	
20		导电回路电阻测量	Ⅰ	2	为制造厂规定值的1.2～1.5倍或与历史数据比较有明显增加	3	
			Ⅱ	4	为制造厂规定值的1.5～3.0倍		
			Ⅲ	8	超过制造厂规定值的3.0倍		

续表

序号	状态量		劣化程度	基本扣分	判断依据	权重系数	扣分值（基本扣分×权重）
	分类	状态量名称					
21	试验	辅助开关	Ⅱ	4	出现卡涩或接触不良	3	
			Ⅲ	8	切换不到位		
22		分、合闸操作状况	Ⅳ	10	分合不到位	4	
			Ⅰ	2	三相同期性不满足要求	4	
			Ⅱ	4	电动操作失灵	4	
			Ⅰ	2	机构电动机出现异常声响现象	4	
23		超声波探伤	Ⅱ	4	瓷柱内存在裂纹长度小于5mm	4	
			Ⅳ	10	瓷柱内存在裂纹长度超过5mm	4	
24		机械连锁和传动	Ⅳ	10	机械连锁性能不可靠；机械传动分合不到位	4	
25		其他	Ⅰ	2			

3.3 设备动态评价标准化规范

3.3.1 业务概述

设备动态评价是设备重要状态量发生变化后开展的评价，主要类别为新设备首次评价、缺陷评价、经历不良工况后评价、带电检测异常评价和检修后评价。设备动态评价的目的是及时掌握设备状态变化情况，动态调整设备检修策略，迅速有效处理设备异常状态。

设备重要状态量发生变化时，应立即向上级运检管理单位（部门）报告，并开展动态评价。

不良工况后、带电检测异常评价应在1周内完成。

检修后评价应在工作结束后2周内完成。

新设备首次评价应在设备投运后1个月内组织开展并在3个月内完成。

变电设备缺陷评价具体要求如下：

（1）危急缺陷应立即开展动态评价工作，迅速制订检修策略，防止出现处理不及时而造成设备事故。

(2) 严重缺陷应在 24h 内完成动态评价并制订检修策略，避免设备进一步被损害和造成事故。

(3) 一般缺陷应在 1 周内完成动态评价并制订检修策略。

3.3.2 业务流程

设备动态评价工作流程如图 3－3 所示。

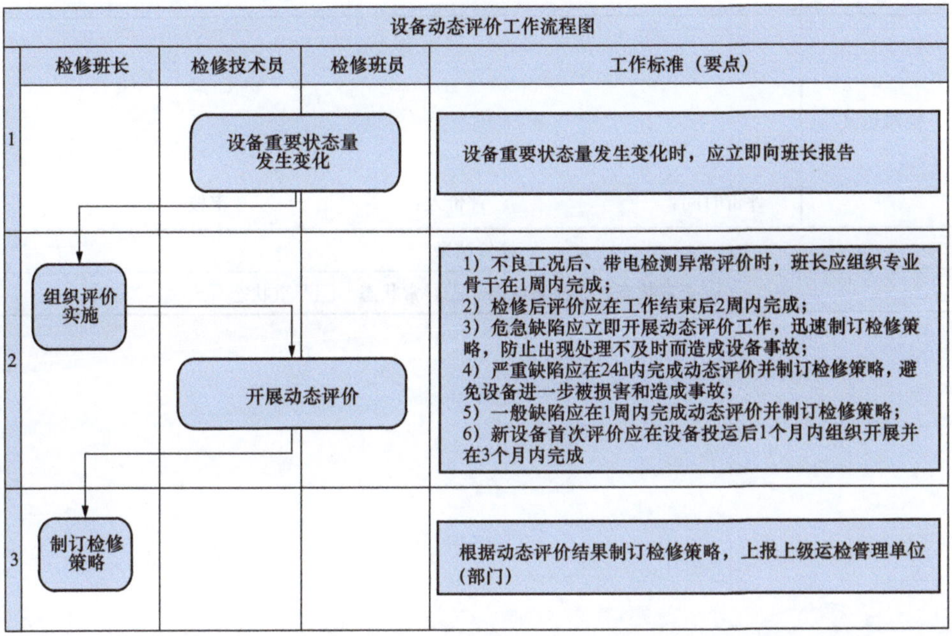

图 3－3 设备动态评价工作流程图

3.3.3 工作记录

设备动态评价报告模板见表 3－14。

表 3－14　　××变电站××断路器状态评价报告

设备资料	变电站		运行编号		设备型号	
	生产厂家		额定电压（kV）		额定电流（A）	
	额定短路开断电流（kA）		机构型式		出厂编号	
	出厂日期		投运日期		上次检修日期	
	上次检修分类			上次检修日期		
	上次试验日期			上次试验性质		

续表

部件评价结果				
评价指标	本体	操动机构	合闸电阻	并联电容
单项最大扣分				
合计扣分				
状态				
断路器整体评价结果（诊断后）				
扣分状态量描述				
检修建议	评价时间：	评价人：	审核：	
评价结果				
□正常状态 □注意状态 □异常状态 □严重状态				

4　现场作业管理标准化规范

4.1　检修计划标准化规范

4.1.1　业务概述

检修计划是指为保障设备安全稳定运行而制订的计划性检修管理工作。检修计划包含年检修计划、月检修计划、周工作计划。检修计划的主要内容包括工作任务、计划时间、工作范围、工作负责人。

4.1.2　业务流程

检修计划工作流程如图 4－1 所示。

4.1.3　工作记录

（1）年检修计划模板见表 4－1。

表 4－1　　××公司××××年检修计划

序号	申请单位	变电站名称	电压等级	设备名称	检修内容	是否需要停电	停电范围	检修计划来源	申请开工时间	申请竣工时间	备注

填报日期：××××年××月××日　　编制人：×××　　审核人：×××　　批准人：×××

注　“检修计划来源”填写例行检修、大修项目、技改项目等。

（2）月检修计划模板见表 4－2。

表 4－2　　××公司××××年××月检修计划

序号	申请单位	变电站名称	电压等级	设备名称	检修内容	是否需要停电	停电范围	检修计划来源	开始时间	结束时间	备注

填报日期：××××年××月××日　编制人：×××　审核人：×××　批准人：×××

注　“检修计划来源”填写年检修计划、缺陷处理、专业巡视、专项排查等。

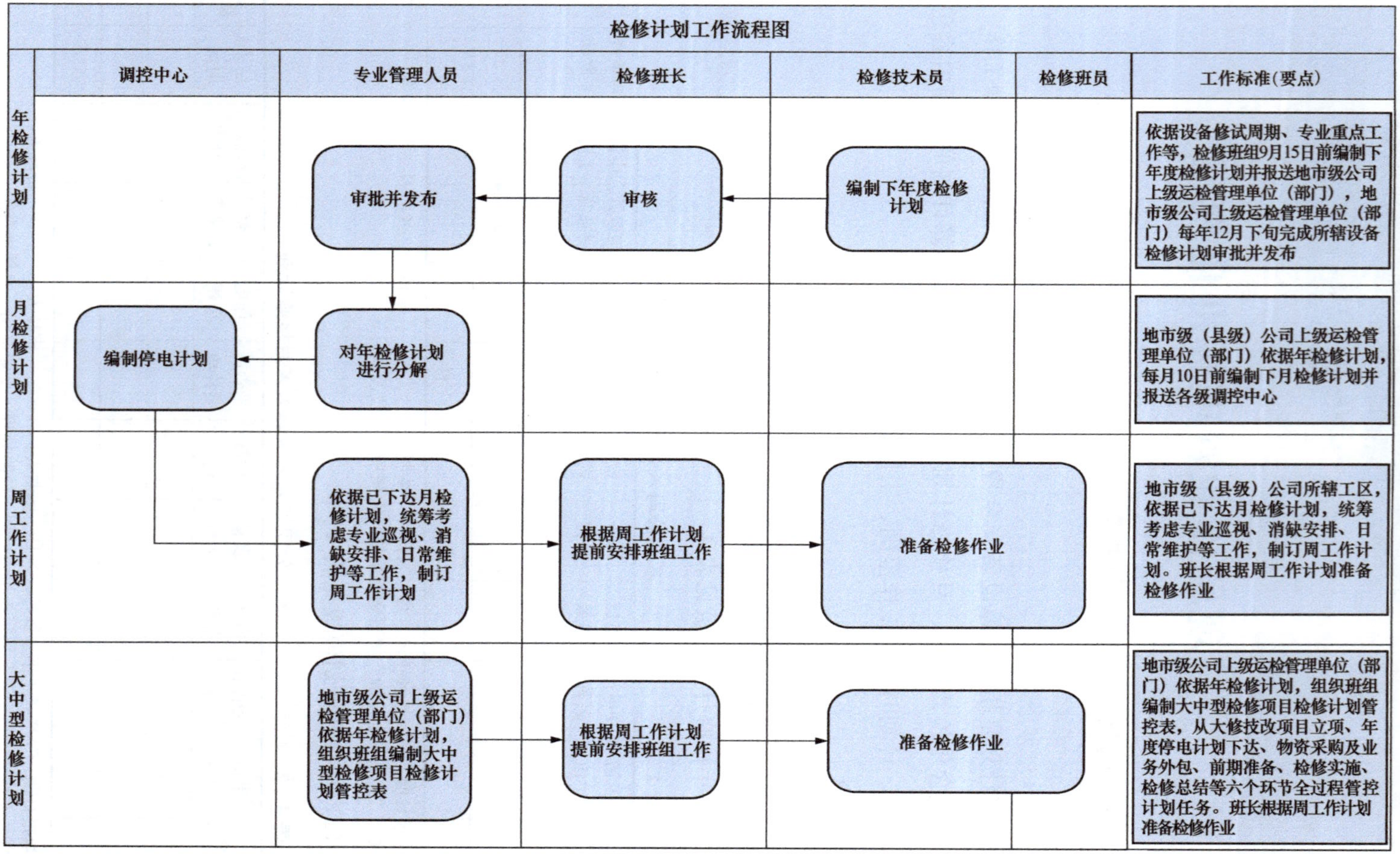

图 4-1　检修计划工作流程图

（3）周工作计划模板见表 4－3。

表 4－3　　　　　　×××单位第×周工作计划

序号	时间	变电站	工作内容	责任人	工作人员	备注

填报日期：××××年××月××日　　编制人：×××　审核人：×××　批准人：×××

（4）检修计划管控表模板见表 4－4。

表 4－4　　　　　　××单位检修计划管控表

检修计划基本信息					大修技改项目			停电计划		物资采购及业务外包				前期准备				检修实施			检修总结			备注
序号	单位	变电站名称	设备名称	检修内容	是否含大修技改项目	是否立项	责任人	是否有停电计划	责任人	业务外包招标计划时间	物资招标计划时间	物资到货计划时间	责任人	方案编制计划时间	方案审批计划时间	安全与技术交底会计划时间	责任人	人员物资进场计划时间	竣工验收申请计划时间	责任人	检修总结计划时间	检修评价与资料闭环计划时间	责任人	

填报日期：××××年××月××日　　编制：×××　　审核：×××　　批准：×××

填写说明：1. 责任人是指跟进和落实检修计划管控表某一环节的项目管理单位相关人员。
　　　　　2. 物资指需要专门采购的设备、材料、备品备件、重要工器具等。

4.2 标准化作业规范

4.2.1 业务概述

标准化作业指对变电检修工作细化工作步骤，量化关键工艺，工作前严格审核，工作中逐项执行工作标准，工作后责任可追溯，确保作业质量的工作过程。

4.2.2 业务流程

标准化作业工作流程如图 4－2 所示。

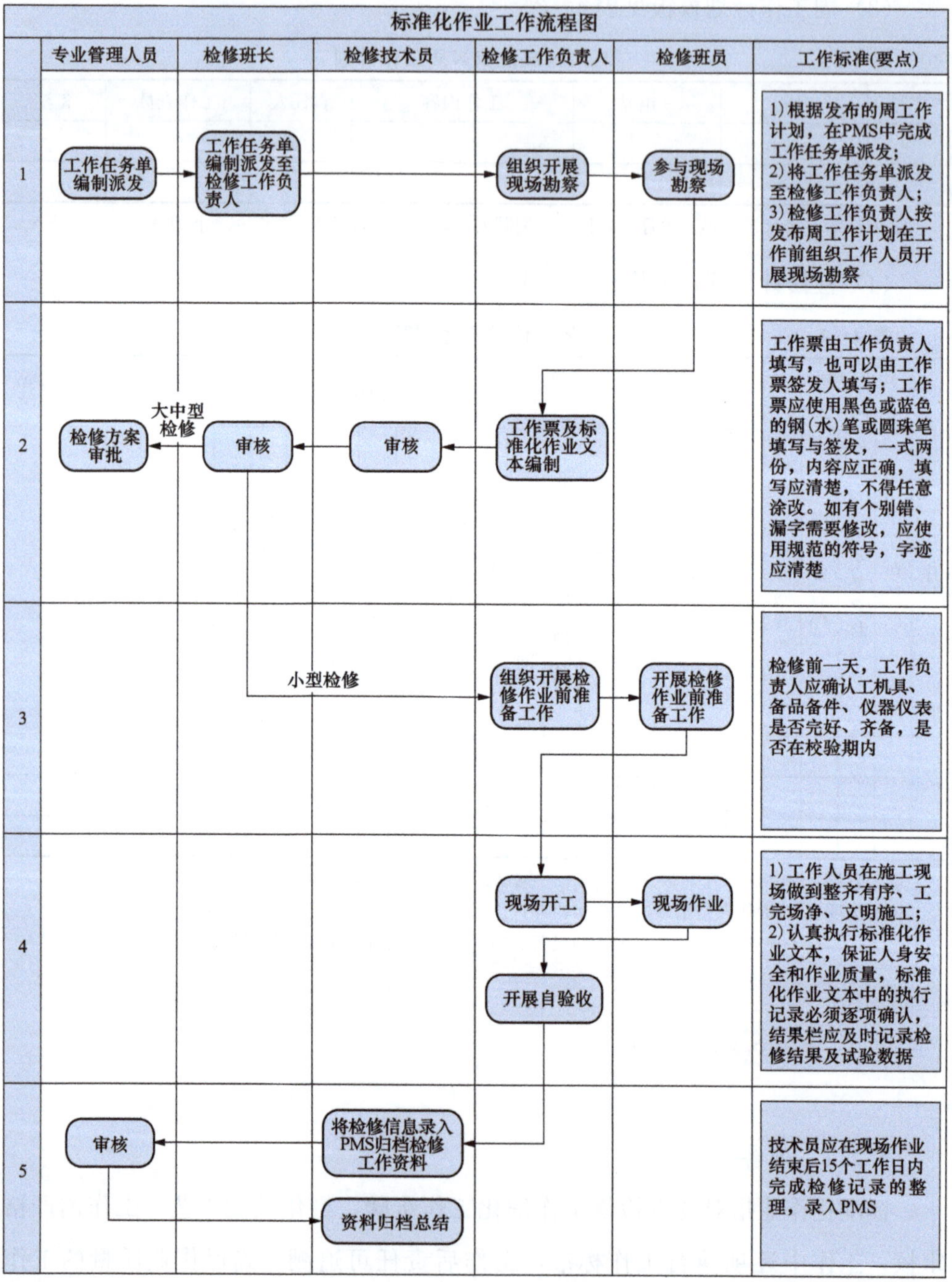

图 4-2　标准化作业工作流程图

4.2.3　工作记录

(1) 现场勘察记录模板如下。

现场勘察记录

勘察单位____________ 部门（班组）______________ 编号______________

勘察负责人__________ 勘察人员______________________________________

勘察设备的双重名称（多回应注明双重称号）：

____

工作任务［工作地点（地段）以及工作内容］：______________________________

____

现场勘察内容：

1. 工作地点需要停电的范围：
2. 保留的带电部位：
3. 作业现场的条件、环境及其他危险点：
4. 应采取的安全措施：
5. 附图与说明：

记录人：_____ 勘察日期：_______年___月___日___时___分至___日___时___分

（2）大（中）型检修方案模板如下。

大（中）型检修方案

××（变电站、工程）检修方案

编写：____________

审核：____________

批准：____________

××公司

××××年××月××日

________（变电站、工程）检修方案

________公司________变电站计划于________年____月____日至____月____日期间开展大（中）型检修，为保证各项工作安全有序开展，特制订本措施。

一、编制依据

根据状态评价、精益化评价、技改大修项目以及停电计划批复。

二、工作内容

________变电站大（中）型检修安排检修设备________台，完成技改项目________项，大修项目________项。共计消缺________项，隐患治理________项，精益化评价问题治理________项。

三、检修任务

（一）检修范围

此处简述本次检修涉及的所有设备。

（二）技改项目

此处简述技改主要内容（见表 4－5）。

（三）大修项目

此处简述大修主要内容（见表 4－6）。

（四）主要消缺项目

此处简述消缺主要内容（见表 4－7）。

（五）隐患治理项目

此处简述隐患治理主要内容（见表 4－8）。

（六）反措执行项目

此处简述反措执行主要内容（见表 4－9）。

（七）精益化评价整改项目

此处简述精益化评价整改主要内容（见表 4－10）。

四、组织措施

（一）领导小组

明确领导小组（含人员名单）。

（二）现场指挥部

明确现场指挥部组织机构，明确各工作组负责人及安全监察人员名单。

（三）各作业面分工及人员安排

此处简述检修工作作业面数量、负责人数量、参加检修人员来源、人员总数。作业任务一览表见表4－11。

五、安全措施

此处对检修中整体性和交叉性工作进行危险点分析，制订预控措施；各作业面具体危险点分析和控制措施纳入各作业面的作业方案中。

六、技术措施

此处描述整体性技术保障措施，各作业面具体技术保障措施纳入各作业面的作业方案中。

七、物资采购保障措施

简述物资采购控制措施，检修所需物资列入采购情况表（见表4－12）。

八、进度控制保障措施

制订进度图及关键路径控制措施、特殊情况应对措施、检修进度表（见表4－13）。

九、检修验收工作要求

明确验收工作小组名单及分工。

十、作业方案

对每个作业面分别制订作业方案（见作业面作业方案模板），共________个作业方案。

（3）变电站技改项目模板见表4－5。

表4－5　　　　________变电站技改项目

序号	技改内容及工期				项目负责人	所需物资	备注
	设备名称	技改原因	技改内容	工期（h）			

（4）变电站大修项目模板见表4－6。

表 4-6　　　　　　　　　　＿＿＿＿＿＿变电站大修项目

序号	大修内容及工期				项目负责人	所需物资	备注
	设备名称	大修原因	大修内容	工期（h）			

（5）变电站消缺项目模板见表 4-7。

表 4-7　　　　　　　　　　＿＿＿＿＿＿变电站消缺项目

序号	消缺内容及工期				项目负责人	所需物资	备注
	设备名称	缺陷内容	缺陷性质	工期（h）			

（6）变电站隐患治理项目模板见表 4-8。

表 4-8　　　　　　　　　　＿＿＿＿＿＿变电站隐患治理项目

序号	隐患治理内容及工期					项目负责人	所需物资	备注
	设备名称	隐患描述	隐患性质	治理措施	工期（h）			

（7）变电站反措执行项目模板见表 4-9。

表 4-9　　　　　　　　　　＿＿＿＿＿＿变电站反措执行项目

序号	反措执行内容及工期					项目负责人	所需物资	备注
	设备名称	问题描述	对应反措	治理措施	工期（h）			

（8）变电站精益化评价整改项目模板见表 4-10。

表 4-10　　　　　　　　　　＿＿＿＿＿＿变电站精益化评价整改项目

序号	整改内容及工期				项目负责人	所需物资	备注
	设备名称	整改原因	整改内容	工期（h）			

（9）变电站检修作业面一览表模板见表4－11。

表4－11　　　　______变电站检修作业面一览表

序号	作业面名称	工作内容	检修时间	工作负责人	施工单位负责人	安全监督人	验收负责人

（10）变电站检修物资到货情况一览表模板见表4－12。

表4－12　　　　______变电站检修物资到货情况一览表

序号	物资名称	型号	单位	数量	供货厂家	预计到站时间	到货情况	负责人	备注

（11）变电站检修各作业面检修进度一览表模板见表4－13。

表4－13　　　　______变电站检修各作业面检修进度一览表

序号	项目内容	×月×日	×月×日	×月×日	×月×日	×月×日	×月×日	×月×日	×月×日

（12）变电站作业面作业方案模板如下。

______变电站______作业面作业方案

一、工作内容

二、停电范围及停电时间

序号	工作地点所需要的停电范围	停电时间	保留的带电部位

三、人员安排及进度控制

序号	作业内容	时间安排	负责人	作业人员

四、关键工艺质量控制措施

序号	关键工序	标准及要求	风险辨识与预控措施	执行完打√或记录数据

五、风险辨识与预控措施

序号	辨识项目	危险因素	防范及控制措施	相关作业班组及人员

六、验收关键环节

序号	验收项	验收内容及标准	验收负责人

（13）小型检修方案模板见表 4－14。

表 4－14　××变电站××项目检修方案

变电站		
项目名称		
分项名称	具体内容	说明
项目内容		项目内容、工期安排等
人员分工		应符合组织措施要求。明确责任人及作业人员
停电范围		停电设备、相邻带电部分等
危险点分析与预控措施		应符合安全措施要求。应在标准作业卡中落实
关键质量点及管控措施		应符合技术措施要求。应在标准作业卡中落实
主要工机具及备品备件		项目所需的主要工机具及备品备件

填写日期：__________　编制人：__________　审核人：__________　批准人：__________

（14）安全技术交底记录模板见表 4-15。

表 4-15　　安全技术交底记录

检修项目名称	××变电站××检修项目现场安全技术交底
交底地点	
交底日期	
交底人	
参与单位	
交底内容	安全技术交底应包含以下内容： 1）检修内容、停电方案、任务分工、总体进度安排、检修方案等； 2）停电范围、带电部位、安全措施、技术措施、作业过程中存在的安全风险及具体防范措施等； 3）紧急情况应急处理措施等； 4）文明施工要求； 5）其他需要交底的内容
参会人员签名	

（15）变电站（发电厂）第一种工作票模板如下。

变电站（发电厂）第一种工作票

单位 ________________________　　　　编号 __________

1. 工作负责人（监护人）__________　　　　班组 __________

2. 工作班人员（不包括工作负责人）

____

____

共______人

3. 工作的变电站名称及设备双重名称

____

4. 工作任务

工作地点及设备双重名称	工作内容

5. 计划工作时间

自________年____月____日____时____分至________年____月____日____时____分

6. 安全措施（必要时可附页绘图说明）

应拉开断路器（开关）、隔离开关（刀闸）	已执行 *
应装接地线、应合接地开关（注明确实地点、名称及接地线编号 *）	**已执行 ***
应设遮栏、应挂标示牌及防止二次回路误碰等措施 *	**已执行 ***

* 已执行栏目及接地线编号由工作许可人填写。

工作地点保留带电部分或注意事项（由工作票签发人填写）	补充工作地点保留带电部分和安全措施（由工作许可人填写）

第一签发人签名 ______________ 签发日期：_______年____月____日____时

第二签发人签名 ______________ 签发日期：_______年____月____日____时

7. 收到工作票时间_______年____月____日____时____分

运行值班人员签名 ____________ 工作负责人签名 ____________

8. 确认本工作票 1～7 项

工作负责人签名 ______________ 工作许可人签名 ____________

许可开始工作时间：_______年____月____日____时____分

9. 确认工作负责人布置的任务和本施工项目安全措施

工作班组人员签名：

____

____

10. 工作负责人变动：

原工作负责人__________离去，变更__________为工作负责人

工作票签发人 __________ ______年___月___日___时___分

11. 工作人员变动情况（变动人员姓名、变动日期及时间）

添加人员姓名	日	时	分	工作负责人签名	离去人员姓名	日	时	分	工作负责人签名
	日	时	分			日	时	分	
	日	时	分			日	时	分	

12. 工作票延期

有效期延长到______年___月___日___时___分

工作负责人签名________ ______年___月___日___时___分

工作许可人签名________ ______年___月___日___时___分

13. 每日开工和收工时间（使用一天的工作票不必填写）

收工时间				工作负责人	工作许可人	开工时间				工作负责人	工作许可人
月	日	时	分			月	日	时	分		
月	日	时	分			月	日	时	分		
月	日	时	分			月	日	时	分		
月	日	时	分			月	日	时	分		
月	日	时	分			月	日	时	分		
月	日	时	分			月	日	时	分		
月	日	时	分			月	日	时	分		
月	日	时	分			月	日	时	分		

14. 工作终结：

全部工作于______年___月___日___时___分结束，设备及安全措施已恢复至开工前状态，工作人员已全部撤离，材料工具已清理完毕，工作已终结。

工作负责人签名：____________ 工作许可人签名：____________

15. 工作票终结：

临时遮栏、标示牌已拆除，常设遮栏已恢复。未拆除或未拉开的接地线编号________________等共______组、接地开关（小车）共______副（台），已汇报调度值班员。

工作许可人签名 ____________ ______年___月___日___时___分

16. 备注：

（1）指定专责监护人________负责监护____________________（地点及具体工作）

指定专责监护人________负责监护____________________（地点及具体工作）

指定专责监护人________负责监护____________________（地点及具体工作）

（2）其他注意事项

____

（16）变电站（发电厂）第二种工作票模板如下。

变电站（发电厂）第二种工作票

单位：______________________________ 编号：________________________

1. 工作负责人（监护人）______________ 班组：________________________

2. 工作班人员（不包括工作负责人）

____

____

共______人

3. 工作的变、配电站名称及设备双重名称：

____

4. 工作任务：

工作地点或地段	工作内容

5. 计划工作时间

自________年____月____日____时____分至________年____月____日____时____分

6. 工作条件（停电或不停电，或邻近及保留带电设备名称）

____

____

7. 注意事项（安全措施）

____

____

____

工作票第一签发：______________ 签发日期：________年____月____日____时____分

工作票第二签发：__________ 签发日期：______年___月___日___时___分

8. 补充安全措施（工作许可人填写）

____

____

9. 确认本工作票1～8项

工作负责人签名__________ 工作许可人签名__________

许可工作时间：______年___月___日___时___分

10. 确认工作负责人布置的工作任务和安全措施

工作班人员签名：

____

____

11. 工作票延期

有效期延长到______年___月___日___时___分

工作负责人签名：______ ______年___月___日___时___分

工作许可人签名：______ ______年___月___日___时___分

12. 工作票终结

全部工作于______年___月___日___时___分结束，工作人员已全部撤离，材料工具已清理完毕。

工作负责人签名______ ______年___月___日___时___分

工作许可人签名______ ______年___月___日___时___分

13. 备注

____

____

（17）变电站（发电厂）带电作业工作票模板如下。

变电站（发电厂）带电作业工作票

单位：____________________ 编号：____________________

1. 工作负责人（监护人）__________ 班组：____________________

2. 工作班人员（不包括工作负责人）

____

____

共____人

3. 工作的变、配电站名称及设备双重名称

____

4. 工作任务

工作地点或地段	工作内容

5. 计划工作时间

自______年___月___日___时___分至______年___月___日___时___分

6. 工作条件（等电位、中间电位、地电位作业，或邻近带电设备名称）______

7. 注意事项（安全措施）____________________

____

工作票签发人签名____________ 签发日期______年___月___日___时___分

8. 确认本工作票1～7项

工作负责人签名____________

9. 指定________为专责监护人 专责监护人签名____________

10. 补充安全措施（工作许可人填写）

____

____

11. 许可工作时间______年___月___日___时___分

工作许可人签名____________ 工作负责人签名____________

12. 确认工作负责人布置的工作任务和安全措施

工作班组人员签名：

____

____

13. 工作票终结

全部工作于______年___月___日___时___分结束，作业人员已全部撤离，材料工具已清理完毕。

工作许可人签名____________ 工作负责人签名____________

14. 备注

____

____

(18) 变电站(发电厂)事故应急抢修单模板如下。

变电站(发电厂)事故应急抢修单

单位:____________________ 编号:________________

1. 抢修工作负责人(监护人)__________ 班组:________________

2. 抢修班人员(不包括抢修工作负责人)

____

____

共____人

3. 抢修任务(抢修地点和抢修内容)____________________________

____

____

4. 安全措施

____

____

____

5. 抢修地点保留带电部分或注意事项____________________________

____

____

6. 上述1~5项由抢修工作负责人________根据抢修任务布置人________的布置填写

7. 经现场勘察需补充下列安全措施____________________________

____

____

经许可人(调控/运维人员)________同意(______月___日___时___分)后,已执行。

8. 许可抢修时间______年___月___日___时___分

许可人(调控/运维人员)______________

9. 抢修结束汇报

本抢修工作于________年____月____日____时____分结束

现场设备状况及保留安全措施____

____

抢修班人员已全部撤离，材料工具已清理完毕，事故应急抢修单已终结。

抢修工作负责人____________________　许可人（调控/运维人员）______________

填写时间________年____月____日____时____分

4.2.4　标准化作业指导卡

本书中的标准化作业指导卡以变压器A类检修（现场解体检修）标准化作业卡为例，其他设备类型可参考此模板，结合变电站实际情况进行编制，模板见表4-16。

表4-16　变压器（有载调压）A类检修（现场解体检修）标准化作业卡

1. 作业信息　　编制人：　　审核人：

设备双重编号		工作时间		作业卡编号	

2. 工序要求

序号	关键工序	标准及要求	风险辨识与预控措施	执行完打√或记录数据
1	主变压器各侧套管拆头	套管导流线夹及导线夹无开裂发热迹象	套管拆头时工作人员应系安全带	
2	修前电气、油化试验	符合DL/T 596—2015《电力设备预防性试验规程》、GB 50150—2016《电气装置安装工程电气设备交接试验标准》、Q/GDW 1168—2013《输变电设备状态检修试验规程》	做电气试验时，与试验无关人员撤离试验区域	
3	拆除二次接线	1）气体继电器、磁力式油位计、温度计、压力释放阀、油泵、冷却风扇电机等二次接线应分别拆开； 2）拆除二次电缆前做好标记，标号套完整无缺少，接线头用塑料薄膜包扎	1）防止二次电缆进水受潮； 2）拆前应注意切开相应回路电源； 3）电缆应妥善保护，防止工作时损坏电缆	
4	主变压器部分排油			
4.1	排油前对渗漏油点做好标志			
4.2	关闭冷却器蝶阀	蝶阀关闭可靠		

续表

序号	关键工序	标准及要求	风险辨识与预控措施	执行完打√或记录数据
4.3	主变压器附件放油	1）天气要求晴，空气相对湿度≤65%时，线圈暴露在空气中的时间为16h，相对湿度≤75%时为12h； 2）排油前打开油枕顶部放气塞，油排放至离油箱顶部100～200mm		
4.4	冷却器放油	冷却器逐只放油，用开口油桶置于冷却器下部，拧开冷却器底部放油塞螺栓放油，然后打开上部放气塞，加快放油速度，开口筒中油用滤机抽至油罐	确认上下蝶阀已关闭，防止变压器油大量流失	
5	拆除套管与绕组引线连接	拆除220、66kV套管引线接头及连接螺帽（使用专用扳手），使引线头完全脱离套管接线头，用专用带环螺栓M10、M12分别拧在套管引线头上，栓 ϕ10 尼龙绳或纱带通过专用滑轮徐徐下放至箱底，控制引线在套管起吊时落下的速度，以确保引线头螺牙及线圈完好	防止引线头突然坠落损伤绕组和螺纹	
5.1	拆除套管	使用专用吊带，随时调整套管起吊的倾斜角度，拆除套管的安装螺栓。在负责人的指挥下，将套管分别拆离本体，同时控制引线落下速度，并垂直放置于套管专用架上加固，用塑料薄膜包好下部瓷套	统一指挥，控制起吊速度，防止损坏套管下部瓷裙，防止异物误入箱体内	
	套管检修	套管必须完整，无渗漏现象	要求套管密封良好，无渗漏，油位符合标准，套管瓷件无损坏、无裂纹，外观清洁无油迹	
5.2	拆除连管及升高座	拆除所有升高座导气连管，装好升高座起吊钢丝使其受微力，拆除升高座安装法兰螺栓，吊至离地面1m停住，用专用盖板密封下部，加合格变压器油至TA浸没，盖好上盖板，应不渗油，油箱升高座安装法兰孔用盖板盖好并密封	防止本体进水受潮，防止连管受潮	
	连管及升高座检修	各部密封良好	防止受潮	
6	拆除油枕、冷却系统等附件			

续表

序号	关键工序	标准及要求	风险辨识与预控措施	执行完打√或记录数据
6.1	对冷却系统进行检修	运转正常		
6.2	拆除油枕	拆除油枕吸温器，连管，注、放油管，瓦斯连管，二次电缆等，使用油枕专用钢丝绳并置于专用吊环上。收紧吊钩使其受微力后，在油枕两侧用白棕绳绑好浪风绳，拆除油枕安装法兰固定螺栓，平稳吊离至地面，油枕摆放平稳可靠，盖板所有通孔用盖板封好		
6.2.1	油枕检修		隔膜密封良好无渗漏，胶囊无老化开裂现象，内部洁净无水迹	
6.2.2	磁力油位表检查	将油位表连杆用手上下移动几次，观察连杆是否灵活，表计是否转动，最高、最低油位报警是否正确，密封和绝缘是否良好，并调整好油位表零位	磁力油位表外观完好，密封及绝缘良好，连杆灵活无卡涩，表计转动正常，最高、最低油位报警正确，油位表复零	
6.2.3	检查油枕	打开油枕安装法兰盖板和油枕集污盒放油螺栓，用油盘接住油枕内残油并检查是否有水珠。在胶囊袋呼吸口接好压力试验充气装置，对该胶囊做检漏试验	应密封良好，无凝积水，胶囊袋无泄漏、损伤。0.02MPa压力下30min无明显失压现象	
6.2.4	吸湿器检查	吸湿器完整，玻璃罩完好无损，密封良好		
6.3	拆除顶部连通管	拆除的连通管应用盖板封好或用塑料薄膜密封包好，并保存在干燥的地方，做好位置记号	各连管应清洁，防止污染	
6.4	拆除冷却器	拆离后放尽剩油，并用盖板密封。净油器也应放油拆除	拆除冷却器时应专人指挥，上下协调一致，防止损伤散热管和潜油泵	
	潜油泵、风扇电机检查	1）用500V绝缘电阻表检测定子绕组绝缘电阻，绝缘电阻不小于0.5MΩ； 2）用手试转电机转子，转动灵活无扫膛现象； 3）风叶无变形、损伤		

续表

序号	关键工序	标准及要求	风险辨识与预控措施	执行完打√或记录数据
6.5	拆除测温、压力等保护装置并校验	拆除温度计、温控器、压力释放阀、气体继电器等附件，分别对释放阀、气体继电器安装法兰用盖板密封		
	测温装置检查，送检验单位校验	1）检查温度计表面玻璃罩完整无损坏，测温包无变形扭曲，温度指示正确； 2）校验证书齐全		
6.5.2	压力释放阀检查	检查各连接螺栓及压力弹簧，检测微动开关动作是否正确，并进行动作试验。各连接螺栓、压力弹簧应完好，无锈蚀，无松动，开启和关闭压力符合规定		
6.5.3	气体继电器检查	检查容器、玻璃窗、放气阀、接线端子小套管完整，绝缘电阻良好，定值校验符合保护要求，并合格。拆除运输固定绳，内部清洁无杂质，定值符合保护要求		
6.6	拆除净油器	关闭净油器进出口的阀门，打开底部放油阀，放尽内部变压器油。拆离本体上盖板和下底板，倒出原有吸附剂，用合格变压器油将内部和连管清洗干净；检查各部件完整无损，检查下部滤网正常，装复滤网及下盖板，更换密封胶垫；装入氧化铝吸附剂，装至距离顶面50mm左右，装复上盖板加以密封	防止吸附剂和破损滤网进入油箱	
	净油器的检修	阀门关闭严密，不渗漏；内部洁净，进油口滤网应装在挡板外侧，出油口滤网装在挡板内侧，滤网应为尼龙网；应加入合格氧化铝，质量约为140kg，无渗油		
7	主变压器全部排油，吊芯	吊芯应选在无尘土飞扬及其他污染的晴朗天气，器身暴露在空气中的时间不应超出如下规定：空气相对湿度不大于65%为16h；空气相对湿度不大于75%为12h。器身暴露空气时间是指从变压器放油时起至开始抽真空注油时为止	排油可视吊芯当天气候情况提前排油（必要时可充氮排油），以提高吊芯有效时间	

续表

序号	关键工序	标准及要求	风险辨识与预控措施	执行完打√或记录数据
7.1	排油	使用1台真空滤油机、1台直通泵，将油排入油罐内并记录时间，排油前应打开主变压器上部放气盖板		
7.2	拆除主变压器铁心定位	拆除主变压器油箱罩壳顶部3只铁心定位压钉盖板，拧松定位四周螺栓及止动螺帽，取下定位四周的绝缘垫块，用塑料薄膜分别包扎好，放在干燥清洁的地方，防止受潮	定位钉、绝缘垫块要妥善保管，防止绝缘受潮和缺少	
8	拆除铁心接地套管，吊出有载分接开关			
8.1	拆除铁心接地套管	拆除铁心接地套管。套管用塑料薄膜包扎好平放在安全区域	1）拆除时应小心，防止密封胶圈、胶垫圈粘住，拉破瓷套； 2）防止相互碰撞打破瓷裙	
8.2	吊出有载分接开关并检修	松开有载开关安装法兰螺栓，并做好标记以便装复，吊出分接开关并进行检修，零件用塑料薄膜分相包扎好，动、静触头操作应灵活、无卡滞，上部指示位置清晰，机械限位正确，附件完整无缺少		
9	做好吊上节油箱准备并吊离			
9.1	在钟罩上装好卸扣及钢丝绳	上节油箱重为14.5t，起吊钢丝用ϕ24钢丝，用4t卸扣固定在上节油箱起重吊环上	通过卸扣随时调整钟罩重心	
9.2	吊车停好位置，校准重心，调整钢丝并收紧	钢丝夹角应小于60°	观察吊臂至主变压器上面横梁距离是否足够，吊臂与周围相邻带电设备安全距离是否满足安全规程要求	
9.3	用电动扳手拆除油箱法兰螺栓	对不能用电动扳手的螺栓应先用扳手拧松		
9.4	吊点重心检查调整	收紧钢丝后再次检查重心位置是否合理，用4根各长10m的白棕绳分别固定在上节油箱四角对应位置，以便起吊时控制油箱	装钢丝绳前先检查钢丝绳，确认完好无断股现象	

续表

序号	关键工序	标准及要求	风险辨识与预控措施	执行完打√或记录数据
9.5	起吊前检查	确认无影响吊罩的物件、螺栓后，指挥起吊，再次检查钢丝夹角，钟罩平衡度	防止胶垫粘牢，使吊机受力过度	
9.6	起吊前准备	1）主变压器吊时应选晴朗天气，空气相对湿度≤75%； 2）油箱起吊应有专业人员统一指挥，使用标准手势和术语； 3）工机具管理员应清点发出的工机具并记录； 4）温度计及湿度表应放在现场，并做好记录	起吊前工作任务、人员分工应明确，4 根导向绳应有专人管理，油箱四角有专人监护	
9.7	吊开主变压器上节油箱	检查无误后，指挥缓慢起吊上节油箱上升至器身顶部 300mm 左右时，方可吊离，移至已准备好的枕木上，枕木应包尼龙薄膜，油箱缓缓下降，平稳放在枕木上	起吊、移动过程中，4 根导向绳应相互协调配合好，保持箱体平稳	
10	箱体及芯部检修	工机具应设专人保管发放，个人工机具不准使用，检查芯体人员应穿干净防滑鞋，工作服中无物品	现场做好防火、防雨工作，试验人员与非试验人员在工作中应相互协调好，严防触电	
10.1	箱体检修			
10.1.1	放油阀门、塞子检查	完好		
10.1.2	检查油箱有无渗漏点	对发现的渗漏点应进行补焊		
10.1.3	清扫油箱内部，消除积存在箱底的油污杂物	油箱内部洁净、无锈蚀、漆膜完整，漆膜附着牢固		
10.1.4	检查器身各侧定位钉	防止定位钉造成铁心多点接地		
10.1.5	检查钟罩法兰结合面是否平整，发现沟痕，应补痕磨平	法兰结合面清洁平整		
10.1.6	油箱胶圈更换	更换全套密封胶圈		
10.1.7	检查油箱阀门的转轴、挡板等部件是否完整、灵活和严密，更换密封垫圈	挡板关闭严密，无渗漏，轴杆密封良好，指示开、闭位置的标志清晰、正确		

续表

序号	关键工序	标准及要求	风险辨识与预控措施	执行完打√或记录数据
10.1.8	对本体和附件各部的放油(气)塞、油样阀门等密封胶垫进行全面更换	所有放油塞子及取样阀门胶圈应全部更换并拧紧，密封面无渗漏		
10.2	绕组检查			
10.2.1	检查相间隔板及围屏有无破损、变色、变形、放电痕迹，如发现围屏有异常应解开围屏进行检查	1）围屏应清洁无破损，绑扎紧固完整，分接引线出口处封闭应良好，围屏无变形、发热和树枝状放电痕迹； 2）围屏的起头应放在绕组垫块上，接头处应错开搭接； 3）检查支撑围屏的长垫块应无爬电痕迹，若长垫块在中部高场强区时，应尽可能割短相间距离最小处的辐向垫块2～4个； 4）相间隔板完整并固定牢固	防止油道堵塞	
10.2.2	检查绕组表面是否清洁，匝绝缘有无破损	1）绕组应清洁，表面无油垢，无变形； 2）整个绕组无倾斜、位移，导线辐向无明显弹出现象		
10.2.3	检查绕组各部分垫块有无位移和松动情况	各部分垫块应排列整齐、辐向间距相等，轴向成一垂直线支撑牢固，有适当压紧力，垫块外露出绕组的长度至少应超过绕组导线的厚度		
10.2.4	检查绕组绝缘有无破损，油道有无被绝缘、油垢或杂物堵塞现象，必要时可用软毛刷（或用绸布、泡沫塑料）轻轻擦拭。绕组线匝表面如有破损裸露导线，应进行包扎处理	油道保持畅通，无油垢及其他杂物积存，外观整齐清洁，绝缘及导线无破损。对穿缆引线应将引线用白纱带半叠包绕至少一层；引线接头焊接处去毛刺，表面光洁，包金属屏蔽层（锡箔纸）后再包绝缘；绝缘包扎厚度应根据导线在变压器内部不同的位置确定，变压器的导线包扎绝缘厚度不应小于10mm，可用干燥电缆纸及皱纹纸半叠包绕制	注意导线的统包绝缘，不可将油道堵塞，防止局部发热、老化	
10.3	铁心检查			

续表

序号	关键工序	标准及要求	风险辨识与预控措施	执行完打√或记录数据
10.3.1	检查铁心外表是否平整，有无片间短路或变色、放电烧伤痕迹，绝缘漆膜有无脱落，上铁轭的顶部和下铁轭的底部是否有油垢杂物，可用清洁的白布或泡沫塑料擦拭，若叠片有翘起或不规整之处，可用木锤或铜锤敲打平整	铁心应平整，绝缘漆膜无脱落，叠片紧密，边侧硅钢片不应翘起或成波浪状，铁心各部表面应无油垢和杂质，片间应无短路、搭接现象，接缝间隙符合要求		
10.3.2	检查铁心上下夹件、方铁，绕组压板的紧固程度和绝缘状况，绝缘压板有无爬电烧伤和放电痕迹	1）铁心与上下夹件、方铁、压板、底脚板间均应保持良好绝缘； 2）钢压板与铁心间要有明显的均匀间隔，绝缘压板应保持完整，无破损和裂纹，并有适当紧固度； 3）钢压板不得构成闭合回路，同时应有一点接地； 4）打开上夹件和铁心间的连接片、钢压板与上夹件的连接片后，测量铁心与上下夹件、钢压板与铁心间的绝缘电阻与历次试验值相比较应无明显变化		
10.3.3	检查压钉、绝缘垫圈的接触情况，用专用扳手逐个紧固上下夹件、方铁、压钉等各部位，紧固螺栓	螺栓紧固，夹件上的正、反压钉和锁紧螺帽无松动，与绝缘垫圈接触良好，无放电烧伤痕迹，反压钉与上夹件有足够距离		
10.3.4	用专用扳手紧固上下铁心的穿芯螺栓			
10.3.5	测量绝缘电阻	其绝缘电阻与历次试验值无明显变化		

续表

序号	关键工序	标准及要求	风险辨识与预控措施	执行完打√或记录数据
10.3.6	检查铁心间和铁心与夹件间的油路	油路应畅通，油道垫块无脱落和堵塞，且应排列整齐		
10.3.7	检查铁心接地片的连接及绝缘状况	铁心只允许一点接地，接地片用厚0.5mm，宽度不小于30mm的紫铜片，插入3～4级铁心间，插入深度不小于80mm，其外露部分包扎绝缘	防止铁心短路	
10.3.8	检查无孔结构铁心的拉板和钢带	应紧固并有足够机械强度，绝缘良好，不构成环路，不与铁心相接触		
10.4	引线及绝缘支架检查			
10.4.1	检查引线及引线锥的绝缘包扎，有无变形、变脆、破损，引线是否断股，引线与引线接头处焊接情况是否良好，有无过热现象	1）引线绝缘包扎应完好，无变形、变脆，引线无断股卡伤情况； 2）穿缆引线用白纱布半叠包绕一层；引线接头焊接处去毛刺，表面光洁，包金属屏蔽层后再加包绝缘； 3）早期采用锡焊的引线接头应尽可能改为磷铜或银焊接； 4）接头表面应平整、清洁、光滑无毛刺，并不得有其他杂质； 5）引线长短适宜，不应有扭曲现象； 6）引线绝缘厚度应符合有关要求	防止穿缆引线与套管的导管接触处产生分流、烧伤	
10.4.2	检查绕组至分接开关的引线长度、绝缘包扎的厚度、引线接头的焊接（或连接）引线的固定情况，是否符合要求	1）引线绝缘包扎应完好，无变形、变脆，引线无断股卡伤情况； 2）分接引线对各部绝缘距离应满足安全规程要求		
10.4.3	检查绝缘支架有无松动和损坏、位移，检查引线在绝缘支架内的固定情况	1）绝缘支架应无破损、裂纹、弯曲变形及烧伤现象； 2）绝缘支架与铁夹件的固定可用钢螺栓，绝缘件与绝缘支架的固定可用绝缘螺栓，两种固定螺栓均需有防松措施（220kV变压器不得应用环氧螺栓）； 3）绝缘夹件固定引线处应加垫附加绝缘，以防卡伤引线绝缘； 4）引线固定用绝缘夹件的间距，应考虑在电动力的作用下，不致发生引线短路	防止卡伤引线绝缘	

续表

序号	关键工序	标准及要求	风险辨识与预控措施	执行完打√或记录数据
10.4.4	检查引线与各部位间的绝缘距离	1）引线与各部位之间的绝缘距离，根据引线包扎绝缘的厚度不同而异，但应符合有关要求； 2）对大电流引线（铜排或铝排）与箱壁间距，一般应大于100mm，并在铜（铝）排表面包扎一层绝缘	防漏磁、发热，防异物形成短路或接地	
10.5	有载分接开关部分检查			
10.5.1	检查动触头转动是否灵活，若转动不灵活应进一步检查卡滞原因	转轴操作应灵活、无卡滞，上部指示位置与下部实际接触位置应相一致		
10.5.2	检查动、静触头间接触是否良好，触头表面是否清洁，有无氧化变色，镀层脱落及碰伤痕迹，发现氧化膜用碳化钼的白布带穿入触柱间来回擦拭清除，触柱如有严重烧损时应更换	触头接触电阻应小于500μΩ，触头表面应光洁，无氧化变色、碰伤及镀层脱落，触头接触用0.02mm塞尺检查应无间隙，接触严密		
10.5.3	检查触头分接引线是否紧固，发现松动应拧紧、锁住	开关所有紧固件均应拧紧、无松动		
10.5.4	检查分接开关绝缘件有无受潮、剥裂或变形，表面是否清洁，发现表面脏污应用无绒毛的白布擦拭干净，绝缘筒如有严重剥裂、变形时应更换，操作杆拆下后应用塑料布包扎住	绝缘筒应完好、无破损、剥裂、变形，表面清洁无油垢，操作杆绝缘良好，无弯曲变形		

续表

序号	关键工序	标准及要求	风险辨识与预控措施	执行完打√或记录数据
10.5.5	检查分接开关挡位	拆前应做好明显标记、挡位一致，相位对应，拆装前后指示位置一致，手柄及传动机构应灵活		
11	芯体绝缘试验	用2500V绝缘电阻表对穿芯螺栓、铁轭夹件、绑扎钢带、铁心、线圈压环及屏蔽等进行绝缘电阻测试，绝缘电组值大于500MΩ	与试验无关人员撤出试验围栏外	
12	更换油箱所有密封胶圈、胶垫，油箱回装			
12.1	上节油箱回装准备			
12.1.1	芯体所有检修项目完工，状态恢复正常，各引线应就位固定，为安装做好准备			
12.1.2	检查芯体及箱体	芯体清洁干净，箱底清洁干净		
12.1.3	复核钟罩是否按要求检修完毕	应按要求检修完毕，全部密封件更换完毕		
12.1.4	更换油箱所有密封胶圈、胶垫	油箱上下法兰应清净，新密封胶圈、胶垫摆放应平整，接头应斜压接，用专用胶水粘合		
12.1.5	工机具保管员负责清点所发出的工机具	应全部回收		
12.2	回装油箱		应在确认设备正常并得到现场上级技术领导认可后，才能进行	

续表

序号	关键工序	标准及要求	风险辨识与预控措施	执行完打√或记录数据
12.2.1	油箱复装	将上节油箱缓缓吊起，当油箱超过芯部器身高约300mm，慢慢转至器身上方，中心位置找准后，4根浪风绳要稳住钟罩，在两边监视人员的密切监视下缓缓下降，当下降至箱体法兰600mm时，暂停并派人上钟罩监视钟罩正确下落，不与器身定位钉相碰撞，当钟罩下降至箱体法兰100mm时，在油箱四周插入定位棒，再次检查法兰上橡胶垫位置是否正常。当油箱刚好压住胶垫时停止下降，套上上下法兰固定螺栓	油箱复装时，切忌碰撞器身。起吊前，控制四角浪风绳的人应先到位，并再次检查胶垫位置无位移，接头正常后，抽出定位棒，套上全部螺栓及螺帽，松掉钢丝，拆除钢丝	
12.2.2	拧紧紧固法兰螺栓	应对边均匀拧紧，切忌单边拧压。胶垫压缩量以1/3为好		
13	分接开关回装，铁心定位装复			
13.1	分接开关检查正常后，按原挡位及原相别回装	可利用35kV套管孔筒观察插入情况，将操作杆插入分接开关的拔叉内，回装后先进行调整，进行一次循环操作无异常后，放在运行挡位置		
13.2	检查铁心定位螺栓绝缘垫块合格后，拧紧定位四周螺栓，检查法兰密封胶圈、胶垫位置是否良好，均匀拧紧定位盖板螺栓	1）绝缘垫块，完整无破损，摆放位置正确； 2）法兰密封胶圈、胶垫位置良好，密封可靠		
14	铁心接地，套管回装			
14.1	按原相别装复中性点升高座，均匀拧紧法兰螺栓	密封胶圈、胶垫以橡胶1/3压缩量		

续表

序号	关键工序	标准及要求	风险辨识与预控措施	执行完打√或记录数据
14.2	装复铁心接地套管	1）引线与套管头部定位应卡入到位，头部小瓷套顶端应垫一片石棉垫片，上放平垫，再拧螺帽； 2）瓷台螺栓紧固时应均匀拧紧，不能单边用力； 3）套管下部箱内引线连接应可靠，应有防松垫或双螺帽； 4）引线间及与油箱距离符合安全距离要求	1）铁心接地套管为穿缆式套管，引线不能硬拉； 2）当心小瓷套拧碎； 3）防止应力压破套管下部瓷台； 4）工作人员工作时工机具应用白纱带扎住，严防工机具及其他物品落入箱体内部	
15	主变压器真空注油	真空注油过程，应积极做好记录，加强监视。雨露天不宜真空注油，注油时如遇突然下雨，应立即停止注油，应用99.999%高纯氮破坏真空至正压（0.01～0.03MPa）	1）防止芯体受潮； 2）注油过程中，防止大量跑油，污染环境；主变压器本体与分接开关的油必须分开	
15.1	在箱顶装抽真空管道(可装连管盖板处)，通过油气分离器接至真空泵	真空泵应接好电源，转向正常，外壳接地		
15.2	通过上下放油塞制作油位计一支，用加强型透明管作油位指示	密封良好无泄漏	压力释放阀应与真空泵隔离	
15.3	连接好真空滤油机注油管道	密封良好无泄漏		
15.4	主变压器可承受全真空，本体装真空表一只			
15.5	抽真空	真空度上升要均匀，并随时观察油箱变形情况，不超过壁厚2倍，到达规定真空度后保持2h，检查整体密封情况	雨天、雾天禁止抽真空。做好防止突然下雨的应急防范措施	
15.6	真空注油前，油化试验确认	各项技术指标均符合规程要求		
15.7	真空进油	抽真空时间到后，开启真空滤油机，打开主变压器下部进油阀进行真空注油，这时真空泵应不停转，以每小时3～5t速度注入变压器内，距油箱顶200mm时停止注油，并保持抽真空4h		

续表

序号	关键工序	标准及要求	风险辨识与预控措施	执行完打√或记录数据
16	储油柜、油枕、冷却系统等附件安装及二次接线			
16.1	储油柜吊装至顶部，固定在安装托板上	与固定托板连接处必须紧固完好		
16.2	冷却器系统检修后，按检修拆卸时反相顺序安装，并检查密封胶圈，胶垫圈位置是否放正	风扇安装正确，各法兰密封可靠，无渗漏		
16.3	二次电缆敷设	电缆整齐，绝缘良好		
16.4	测温装置安装及二次接线	按说明书要求，在测温座内注上变压器油，将测温包插入后塞座拧紧，密封无渗漏，毛细管盘的直径大于15mm； 符合规程要求，有防雨功能		
16.5	净油器、压力保护装置安装	1）净油器按要求安装，上下蝶阀在关闭状态，按装配图装好压力释放阀；真空注油后，对该设备充油排气，然后关闭下蝶阀，打开上蝶阀； 2）压力释放阀安装时，导油孔应按规定向外侧； 3）绝缘电阻大于0.5MΩ		
16.6	连接二次接线	二次电缆符合规程要求，绝缘电阻合格		
17	升高座及套管安装			
17.1	升高座按拆下记号按相别A、B、C对号入位	升高座安装时应先用白纱带对穿，当吊至安装法兰上方时，及时把引线头部绑牢固，以便装套管时拉出引线。密封圈应放正，压缩均匀。升高座放气孔应在最高部位。升高座安装时应看好位置，防止螺栓错位	防止异物误入箱体内	

续表

序号	关键工序	标准及要求	风险辨识与预控措施	执行完打√或记录数据
17.2	清扫瓷套表面、套管导管内部，并检查、清洁下节套管底部均压环，并在套管导管内先预放一根尼龙绳用作拉引线	用干净白布清扫瓷套表面，套管导管内用干净白布，用铅丝对拉几遍到清洁为止； 套管底部铜管口光滑无毛刺	套管下瓷套铜管口应打磨光滑，防止毛刺磨损引线绝缘层	
17.3	起吊		起吊要平稳，引线控制线拉力要与套管同步进行，防止引线打小圈	
17.4	套管就位	1）套管就位要平稳； 2）当套管与安装法兰面相距100mm左右时，用两支ϕ16mm导向杆校正套管安装位置，检查引线导电螺杆是否已正常拉出，如已拉出，则均匀拧紧8支M18×45套管安装法兰螺栓，装好套管导电接线板，检查密封可靠	1）防止下瓷套碰撞； 2）防止强拉套管引线，损坏引线绝缘	
17.5	套管安装	按照解体相反的顺序进行	组装时电容器芯温度高出环境温度10～15℃为宜；零部件洁净齐全，密封良好，组装后绝缘试验结果合格	
17.6	真空注油后油化试验	油化试验各项指标均符合要求		
18	气体继电器等保护装置回装	瓦斯安装方向准确		
19	气体继电器二次电缆连接	信号、跳闸回路正确，二次绝缘电阻合格		
20	油枕注油，油位调整			
20.1	检查各部件均安装完毕，各连接处密封良好，符合补油条件	符合规程要求		

续表

序号	关键工序	标准及要求	风险辨识与预控措施	执行完打√或记录数据
20.2	通过油枕注油专用阀，用真空滤油机注油，检查气体继电器两侧蝶阀确已打开	油枕放气塞畅通，无堵塞		
20.3	油枕注油至正常油位稍高，打开储油柜顶部两侧放气塞，对油枕和胶囊进行排气，用氮气通过压力桶与呼吸器法兰口相连，向胶囊袋充气，检查油枕上部放气塞，并监视油位计，当油枕放气塞有油排出时，应立即将该放气塞闷住，拧紧螺栓	1）油位根据当时环境温度对照油枕油位温度曲线表决定； 2）氮压小于 0.002MPa； 3）上部放气塞此时应有气体排出的现象； 4）上部密封良好，底部呼吸正常，无渗漏	注油速度不宜过快，集气盒内气体应及时打开排气管排除	
20.4	对主变压器所有放气塞进行放气	气体继电器等均应多次放气		
20.5	净油器充油	1）净油器充油时应先打开下部蝶阀，关闭上部蝶阀，经多次放气后，是否投运按要求决定； 2）投运时要求上部蝶阀开启，下部蝶阀关闭		
21	修后电气及油化试验	所有试验项目均合格		
22	主变压器整体密封试验			
22.1	密封试验	采用从呼吸器管道向油枕气囊充氮加压的方法，氮气压力为从油枕油面对箱盖的压力和输入氮气的压力之和 0.03MPa（随空气湿度而变化），试验持续时间为 3h。也可采用高于储油柜油面 0.3m（密封式变压器为 0.6m）的油柱压力		

续表

序号	关键工序	标准及要求	风险辨识与预控措施	执行完打√或记录数据
22.2	调整油位，装好呼吸器底部油封	主变压器经充分静止和多次排气后，一般为24h后，调整油位为正常状态		
23	主变压器除锈，水冲洗，喷漆	1）除锈彻底，防锈底漆均匀； 2）用金属清洗剂将油垢及污秽清净，再用水冲机清洗，物见本色； 3）整体喷漆均匀，无流痕、垂珠现象，漆膜坚固，弹性良好		
24	主变压器各侧套管搭头	均匀紧固各套管的搭头螺栓		
25	工作组自验收			
25.1	变压器大修各环节进行自验收	应会同各环节负责人对每道工序从头至尾自验收一遍，严把质量关		
25.2	检查现场安全措施	工作负责人应检查并督促拆除工作班组装设的临时安全措施，将检修设备恢复至工作许可时状态		

3. 签名确认

工作人员确认签名	

4. 执行评价

工作负责人签名：

4.3 专业巡视标准化规范

4.3.1 业务概述

专业巡视指为深入掌握设备状态，由运维、检修、设备状态评价人员（试验）联合开展对设备的集中巡查和检测。一类变电站每月不少于1次，二类变电站每季度不少于1次，三类变电站每半年不少于1次，四类变电站每年不少于

1次，在迎峰度冬或迎峰度夏前适时开展，特殊保电前或经受异常工况、恶劣天气等自然灾害后适时开展。

一类变电站是指交流特高压站，直流换流站，核电、大型能源基地（300万kW及以上）外送及跨大区（华北、华中、华东、东北、西北）联络750/500/330kV变电站。二类变电站是指除一类变电站以外的其他750/500/330kV变电站，电厂外送变电站（100万kW及以上，300万kW以下）及跨省联络220kV变电站，主变压器或母线停运、开关拒动造成四级及以上电网事件的变电站。三类变电站是指除二类以外的220kV变电站，电厂外送变电站（30万kW及以上，100万kW以下），主变压器或母线停运、开关拒动造成五级电网事件的变电站，为一级及以上重要用户直接供电的变电站。四类变电站是指除一、二、三类以外的35kV及以上变电站。

4.3.2 业务流程

专业巡视工作流程如图4-3所示。

4.3.3 工作记录

专业巡视记录表模板见表4-17。

表4-17　　专业巡视记录表

××变电站专业巡视记录表	
单位名称	××公司××班
巡视人员	李××、张××、王××……
巡视日期	××××年××月××日××时××分
巡视设备	全站巡视填写“全站设备”，部分巡视可按间隔或单个设备列出
巡视装备	如万用表、望远镜、红外测温仪、照相机……
发现的问题	1）××断路器液压机构油泵高压管道渗漏油； 2）××断路器机构箱密封不良，箱内有水渍； ……
问题处理情况或处理建议	此栏填写设备问题现场处理情况或整改计划
备注	此栏填写特别需要说明的事项

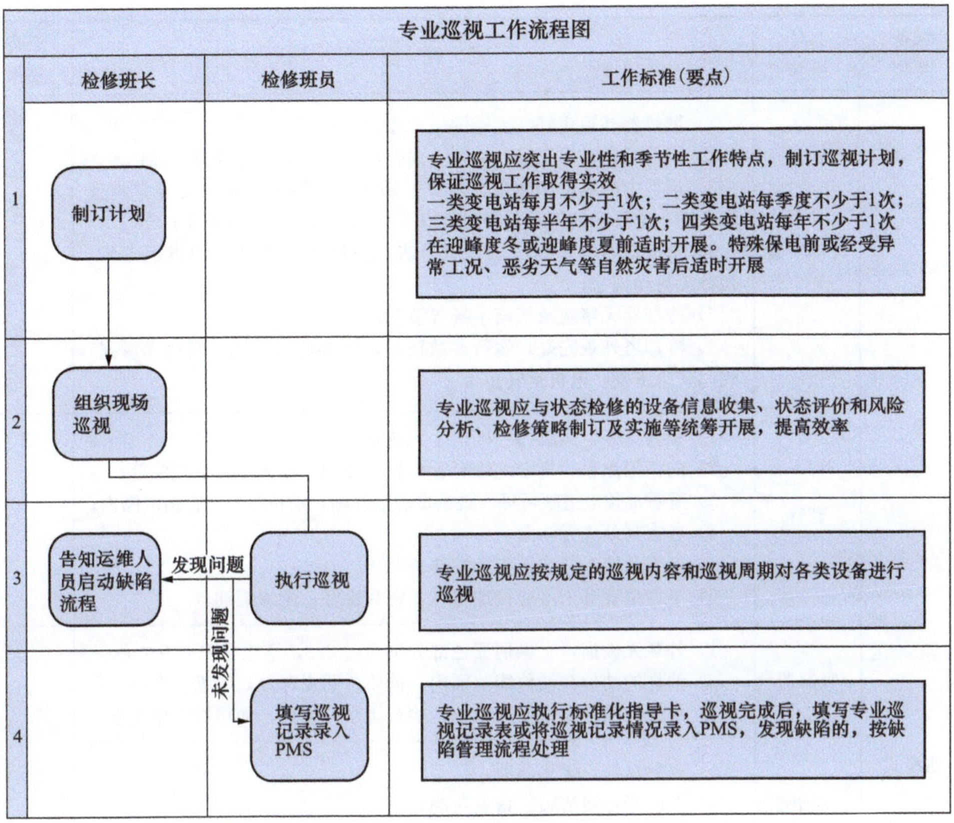

图 4－3　专业巡视工作流程图

4.3.4　专业巡视标准化作业指导卡

专业巡视标准化作业指导卡以变压器设备为例，其他设备类型可参考此模板，结合变电站实际情况进行编制，模板见表 4－18。

表 4－18　　专业巡视标准化作业指导卡

设备类型	具体部位	巡　视　要　点	巡视结果
油浸式电力变压器	本体及储油柜	1）顶层温度计、绕组温度计外观应完整，表盘密封良好，无进水、凝露，温度指示正常，并应与远方温度显示比较，相差不超过 5℃； 2）油位计外观完整，密封良好，无进水、凝露，指示应符合油温油位标准曲线的要求； 3）法兰、阀门、冷却装置、油箱、油管路等密封连接处应密封良好，无渗漏痕迹，油箱、升高座等焊接部位质量良好，无渗漏油； 4）无异常振动声响； 5）铁心、夹件外引接地应良好； 6）油箱及外部螺栓等部位无异常发热	

续表

设备类型	具体部位	巡 视 要 点	巡视结果
油浸式电力变压器	冷却装置	1）散热器外观完好、无锈蚀、无渗漏油； 2）阀门开启方向正确，油泵、油路等无渗漏，无掉漆及锈蚀； 3）运行中的风扇和油泵、水泵运转平稳，转向正确，无异常声音和振动，油泵油流指示器密封良好，指示正确，无抖动现象； 4）水冷却器压差继电器、压力表、温度表、流量表的指示正常，指针无抖动现象； 5）冷却器无堵塞及气流不畅等情况； 6）冷却塔外观完好，运行参数正常，各部件无锈蚀，管道无渗漏，阀门开启正确，电机运转正常	
	套管	1）瓷套完好，无脏污、破损，无放电； 2）防污闪涂料、复合绝缘套管伞裙、辅助伞裙无龟裂老化脱落； 3）套管油位应清晰可见，观察窗玻璃清晰，油位指示在合格范围内； 4）各密封处应无渗漏； 5）套管及接头部位无异常发热； 6）电容型套管末屏应接地可靠，密封良好，无渗漏油	
	吸湿器	1）外观无破损，干燥剂变色部分不超过 2/3，不应自上而下变色； 2）油杯的油位在油位线范围内，油质透明无浑浊，呼吸正常； 3）免维护吸湿器应检查电源，检查排水孔畅通，加热器工作正常	
	无励磁分接开关	1）密封良好，无渗漏油； 2）挡位指示器清晰、指示正确； 3）机械操作装置应无锈蚀； 4）定位螺栓位置应正确	
	有载分接开关	1）机构箱密封良好，无进水、凝露，控制元件及端子无烧蚀发热； 2）挡位指示正确，指针在规定区域内，与远方挡位一致； 3）指示灯显示正常，加热器投切及运行正常； 4）开关密封部分、管道及其法兰无渗漏油； 5）储油柜油位指示在合格范围内； 6）户外变压器的油流控制（气体）继电器应密封良好，无集聚气体，户外变压器的防雨罩无脱落、偏斜； 7）有载开关在线滤油装置无渗漏，压力表指示在标准压力以下，无异常噪声和振动；控制元件及端子无烧蚀发热，指示灯显示正常； 8）冬季寒冷地区（温度持续保持零下）机构控制箱与分接开关连接处齿轮箱内应使用防冻润滑油并定期更换	
	气体继电器	1）密封良好，无渗漏； 2）防雨罩完好（适用于户外变压器）； 3）集气盒无渗漏； 4）视窗内应无气体（有载分接开关气体继电器除外）； 5）接线盒电缆引出孔应封堵严密，出口电缆应设防水弯，电缆外护套最低点应设排水孔	

续表

设备类型	具体部位	巡视要点	巡视结果
油浸式电力变压器	压力释放装置	1）外观完好，无渗漏、无喷油现象； 2）导向装置固定良好，方向正确，导向喷口方向正确	
	突发压力继电器	外观完好，无渗漏	
	断流阀	1）密封良好，无渗漏； 2）控制手柄在运行位置	
	冷却装置控制箱和端子箱	1）柜体接地应良好，密封、封堵良好，无进水、凝露； 2）控制元件及端子无烧蚀过热； 3）指示灯显示正常，投切温湿度控制器及加热器工作正常； 4）电源具备自动投切功能，风机能正常切换	

4.4 缺陷管理标准化规范

4.4.1 业务概述

缺陷管理是指缺陷的发现、上报、处理、验收等全过程的闭环管理。缺陷管理的各个环节应分工明确、责任到人。

1. 缺陷发现及上报

(1) 各类人员应依据有关标准、规程等要求，认真开展设备巡视、操作、检修、试验等工作，及时发现设备缺陷。

(2) 检修、试验人员发现的设备缺陷应及时告知运维人员。

2. 缺陷处理

设备缺陷的处理时限：危急缺陷处理不超过24h；严重缺陷处理不超过1个月；需停电处理的一般缺陷不超过1个检修周期，可不停电处理的一般缺陷原则上不超过3个月。

3. 消缺验收

验收合格后，由运维人员将缺陷处理情况录入PMS，完成闭环管理。

4.4.2 业务流程

缺陷管理工作流程如图4-4所示。

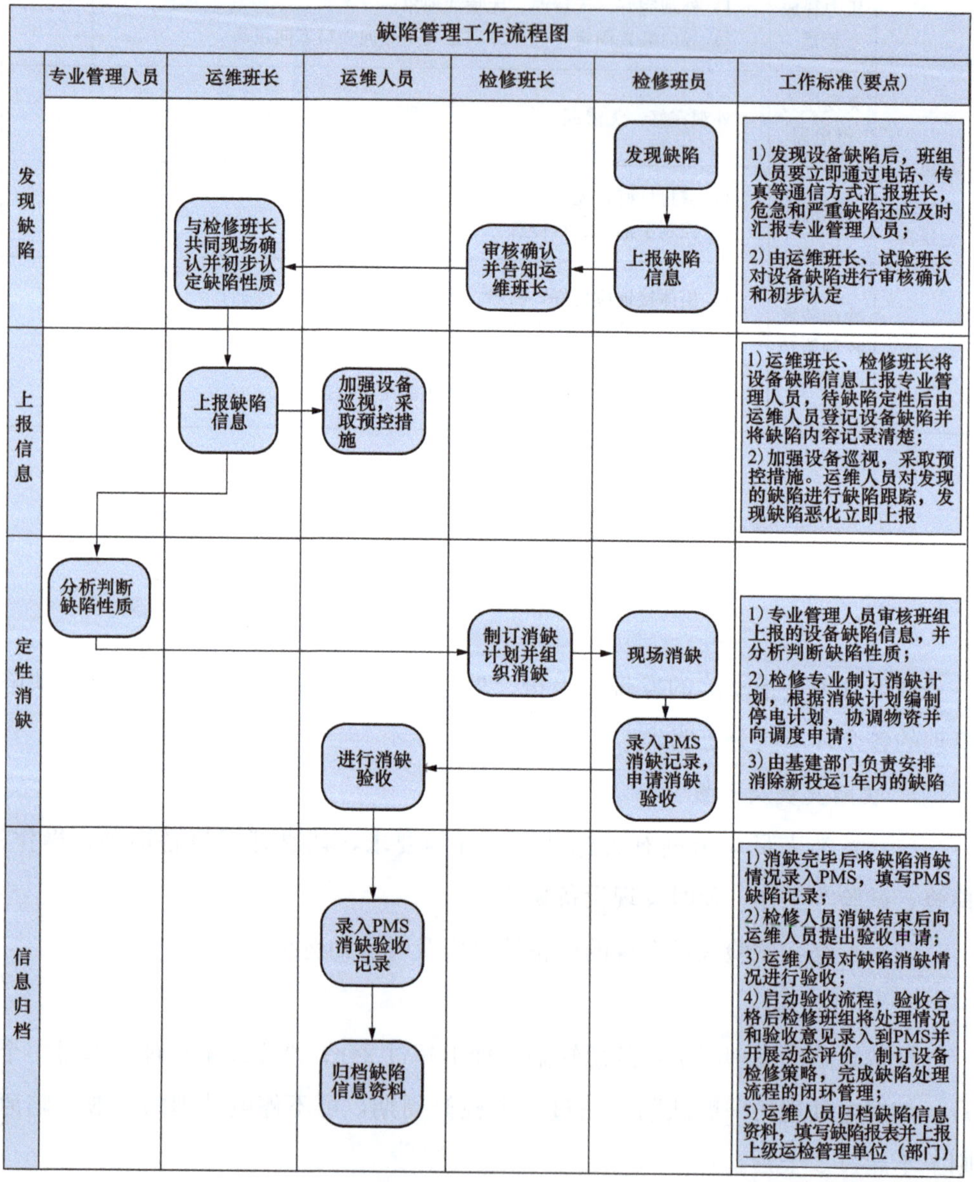

图 4－4　缺陷管理工作流程图

4.4.3 工作记录

(1) 缺陷记录模板见表4-19。

表4-19　××年变电检修××班缺陷记录

序号	变电站	设备名称	设备位置	缺陷发现日期	设备缺陷情况	缺陷类型	处理建议	处理结果	未处理原因

(2) 缺陷处理汇总表模板见表4-20。

表4-20　缺陷处理汇总表

单位名称	计划处理缺陷（项）	实际处理缺陷（项）	消缺率（%）	检修过程中发现缺陷（项）	实际处理缺陷（项）	消缺率（%）

(3) 缺陷处理完成情况模板见表4-21。

表4-21　缺陷处理完成情况

序号	单位	变电站	设备类型	型号	设备厂家	缺陷描述	隐患、缺陷性质	缺陷处理情况	计划处理时间	是否录入PMS	是否完成处理

4.4.4 设备缺陷分类标准卡

设备缺陷分类标准按照Q/GDW 1906—2013《输变电一次设备缺陷分类标准》执行，以电压互感器设备为例，模板见表4-22。

表4-22　设备缺陷分类标准（样例）

设备类型	设备种类	部件	部件种类	部位	缺陷描述	分类依据	缺陷分类
电压互感器							
	干式电压互感器			本体	内部有异常声音	内部有放电或爆裂声	危急

续表

设备类型	设备种类	部件	部件种类	部位	缺陷描述	分类依据	缺陷分类
					冒烟、着火	冒烟、着火	危急
					外绝缘破损、开裂	外绝缘破损、开裂	危急
					外绝缘流胶	外绝缘流胶	危急
					外绝缘放电	外绝缘放电较为严重，但未超过第二裙	严重
						外绝缘放电超过第二裙	危急
					高压熔丝熔断	高压熔丝熔断	危急
					二次短路	二次短路	危急
					绕组绝缘电阻不合格	试验数据严重超标，无法继续运行	危急
						试验数据超标，可短期维持运行	严重
						试验数据超标，仍可以长期运行	一般
					局部放电试验不合格	试验数据严重超标，无法继续运行	危急
						试验数据超标，可短期维持运行	严重
						试验数据超标，仍可以长期运行	一般
					交流耐压试验不合格	试验数据严重超标，无法继续运行	危急
						试验数据超标，可短期维持运行	严重
						试验数据超标，仍可以长期运行	一般

续表

设备类型	设备种类	部件	部件种类	部位	缺陷描述	分类依据	缺陷分类
					电压比不合格	试验数据严重超标，无法继续运行	危急
						试验数据超标，可短期维持运行	严重
						试验数据超标，仍可以长期运行	一般
				导电接头和引线	线夹松动	线夹与设备连接平面出现缝隙，螺钉明显脱出，引线随时可能脱出	危急
					线夹损坏	线夹破损断裂严重，有脱落的可能，对引线无法形成紧固作用	危急
					引线断股或松股	截面损失达25%以上	危急
						截面损失达7%以上，但小于25%	严重
						截面损失低于7%	一般

4.5 故障抢修标准化规范

4.5.1 业务概述

故障抢修是指设备发生故障或导致强迫停运的危急缺陷后，为消除设备故障和缺陷、恢复正常状态所实施的行为。

4.5.2 业务流程

故障抢修工作流程如图4-5所示。

4.5.3 工作记录

（1）故障处理分析报告模板如下。

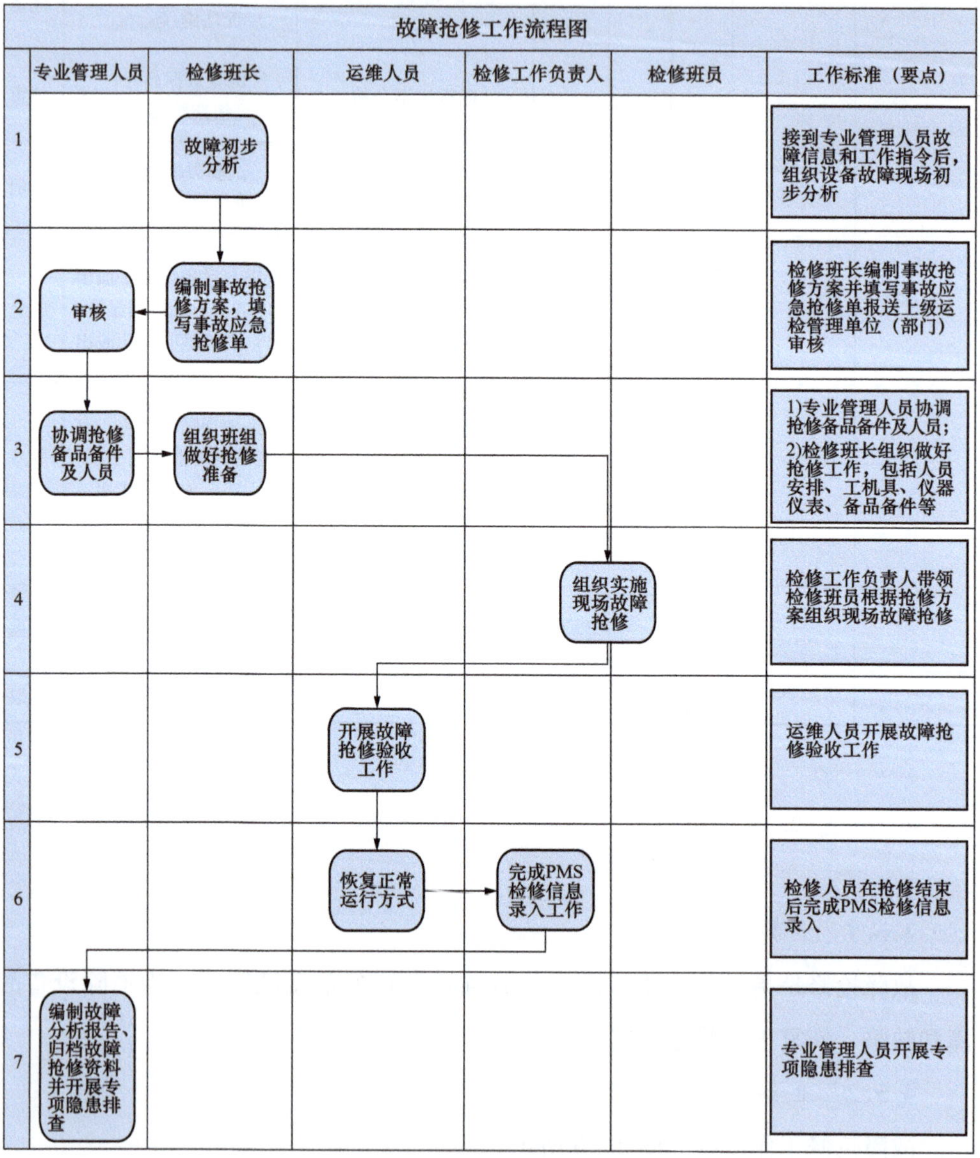

图 4－5　故障抢修工作流程图

××故障处理分析报告

一、故障概述

变电站概况（主接线图）、故障发生时的天气、可能导致故障发生的现场作业情况、故障发生前后设备运行工况、运行方式的变化、导致的后果及恢复情况等。

二、检查处理情况

事故发生前后的信号显示、保护装置动作情况、设备动作情况、故障设备外观情况（附各角度图片）、现场设备检查情况、处理的主要过程和结果、故障对运行所造成的影响及运行恢复情况。

三、原因分析

保护动作情况分析、故障发生的原因及发展机理，分析应详细、符合逻辑，附相关图片，并详细标明图片信息。

四、下一步工作安排

相关备品备件准备情况、何时对故障点完成消缺、后续如何计划恢复到正常运行状态。

五、暴露的问题

找出故障暴露出的各类问题，根据事故涉及的设备质量、安装工艺、检修维护、运行巡视、反措落实、管理要求落实等方面进行说明。

六、反措及建议

针对故障暴露出的问题，提出防止同类故障发生的组织措施和技术措施。整改措施要结合暴露出的问题，并举一反三，防止类似事故再次发生。

七、附件

故障设备铭牌参数、上次检修时间、缺陷记录、故障录波图、事件记录、交接试验报告及最近一次设备检修试验报告、相关检查试验报告、数码图像等。

（2）变电站（发电厂）事故应急抢修单模板如下。

变电站（发电厂）事故应急抢修单

单位 ________________________________ 编号 ____________

1. 抢修工作负责人（监护人）__________ 班组 ____________

2. 抢修班人员（不包括抢修工作负责人）

____

____

共______人

3. 抢修任务（抢修地点和抢修内容）____

____

4. 安全措施

（1）____

（2）____

（3）____

5. 抢修地点保留带电部分或注意事项

____

____

6. 上述1～5项由抢修工作负责人__________根据抢修任务布置人__________的布置填写。

7. 经现场勘察需补充下列安全措施____

____

经许可人（调控/运维人员）__________同意（______月____日____时____分）后，已执行。

8. 许可抢修时间________年____月____日____时____分

许可人（调控/运维人员）____________

9. 抢修结束汇报

本抢修工作于________年____月____日____时____分结束

现场设备状况及保留安全措施____

____

抢修班人员已全部撤离，材料工具已清理完毕，事故应急抢修单已终结。

抢修工作负责人____________ 许可人（调控/运维人员）____________

填写时间________年____月____日____时____分

4.6 保供电标准化规范

4.6.1 业务概述

保供电是指为了确保特殊时期和电网风险期间电力安全可靠供应，有针对性开展的电网设备运维保障工作。

特殊时期保供电是指具有重大影响和特定规模的政治、经济、科技、文化、体育等活动或重要节日期间的保供电。特殊时期保供电分为三类：

特别重大保供电：公司所辖电网设备属地举办世界、国家级特别重大政治、经济、科技、文化、体育等活动；其他上级部门要求的保供电任务。

重大保供电：公司所辖电网设备属地举办省（自治区）级重要政治、经济、科技、文化、体育等活动；全国性主要节假日（元旦、春节、元宵节、清明节、劳动节、中秋节、国庆节）；其他上级部门要求的保供电任务（高考、汛期、迎峰度夏/冬期间等）。

一般保供电：市、县两级重要政治、经济、科技、文化、体育等活动。

电网风险期间保供电是指电网设备检修或故障导致的电网运行可靠性降低等非正常运行方式下可能造成电网事件期间的保供电。电网风险等级对应于《国家电网安全事故调查规程》（国家电网安监〔2011〕2024 号）中定义的 1～8 级电网事件。

特殊时期重大及以上保供电应由上级管理部门编制并下发供电保障工作方案，一般保供电由上级管理部门根据实际情况编制并下发供电保障工作方案或通知。供电保障工作方案或通知中关于值守、巡视、测温及信息报送的要求应执行保供电期间变电站防护指导卡。一般情况下，重要会议、重要活动开幕前两天的 8 时至闭幕后的 18 时为保电时段，其中重要会议、重要活动前 2h 至结束后 1h 为特级保电时段；除特级保电时段外，每天 8 时至 21 时为一级保电时段，其他时段为二级保电时段。具体保电时段的划分应以政府或客户提供的活动安排为准。

保供电设备按重要性分为一级保供电设备、二级保供电设备、三级保供电设备。保供电设备的重要等级应在供电保障工作方案中明确。

电网风险期间保供电应由上级管理部门编制并下发电网风险管控措施单，措施单应执行《国家电网公司关于印发防止变电站全停十六项措施（试行）的通知》（国家电网运检〔2015〕376号）要求，风险期间无人值班变电站应视工作需要临时恢复驻站运维，由运维人员对保供电设备每天进行3次特巡及红外测温。

4.6.2 业务流程

保供电工作流程如图4-6所示。

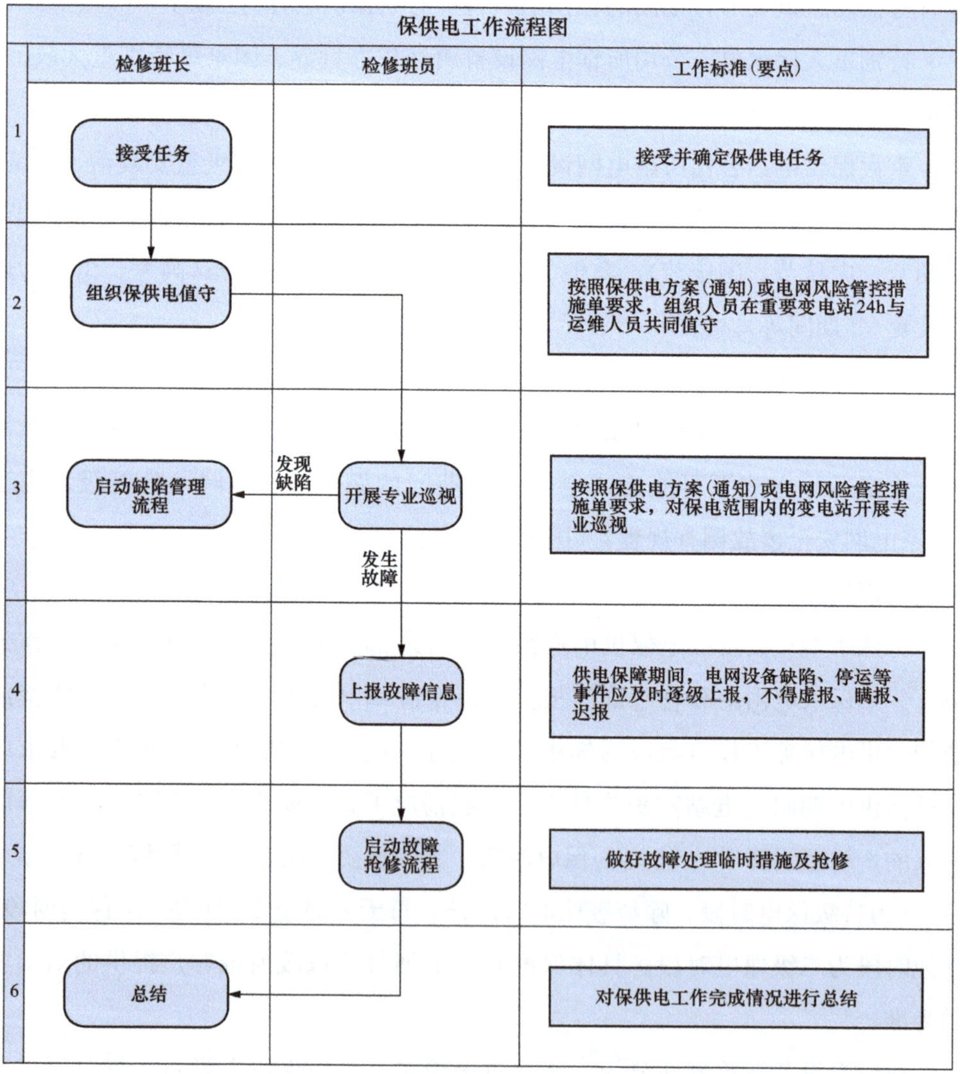

图4-6 保供电工作流程图

4.6.3 专业巡视标准化作业指导卡

专业巡视标准化作业指导卡模板见表 4－18。

4.7 设备验收标准化规范

4.7.1 业务概述

变电站基建工程验收包括可研初设审查、厂内验收、到货验收、隐蔽工程验收、中间验收、竣工（预）验收、启动验收等七个主要关键环节。

变电站技改工程验收包括可研初设审查、厂内验收、到货验收、隐蔽工程验收、中间验收、竣工验收等六个主要关键环节。

验收方法包括资料检查、旁站见证、现场检查和现场抽查。

资料检查是指对所有资料进行检查，设备安装、试验数据应满足相关规程规范要求，安装调试前后数值应有比对，保持一致性，无明显变化。

旁站见证包括关键工艺、关键工序、关键部位和重点试验的见证。

现场检查包括现场设备外观和功能的检查。

现场抽查是指工程安装调试完毕后，抽取一定比例设备、试验项目进行检查，据以判断全部设备的安装调试项目是否按规范执行。现场抽检应明确抽查内容、抽检方法及抽检比例。抽查要求如下：

（1）工程安装调试完毕后，运维单位应对交接试验项目进行抽样检查。

（2）抽样检查应按照不同电压等级、不同设备类别分别进行，抽检项目应根据设备及试验项目的重要程度有所侧重。

（3）对于抽样检查不合格的项目，应责成施工单位对该类项目全部进行重新试验。

（4）对数据存在疑问、现场需要及反复出现问题的设备，应进行复试。

设备验收由运维、检修、试验三个专业联合开展，按环节验收。

4.7.2 业务流程

设备验收管理工作流程（基建工程）如图 4－7 所示。

设备验收管理工作流程（技改工程）如图 4－8 所示。

4.7.3 工作记录

（1）移交工程资料清单模板见表 4－23。

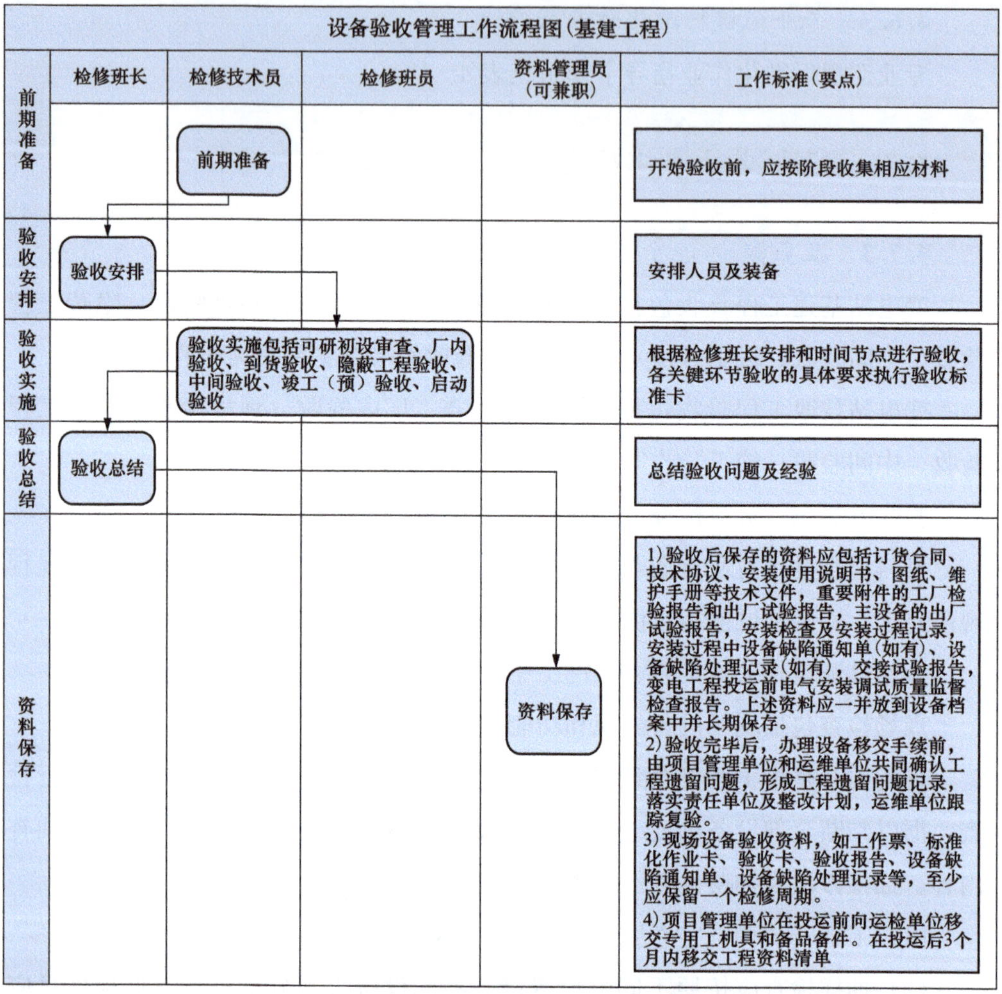

图 4-7　设备验收管理工作流程图（基建工程）

表 4-23　　移交工程资料清单

铭牌/台账	设备详细参数
	设备铭牌
	操动机构铭牌
前期资料	设备招标规范
	订货技术协议
出厂资料	产品说明书及安装维护使用手册
	产品组装图及零部件图
	监造报告
	产品合格证
	备品备件清单运输记录

续表

出厂资料	型式试验报告
	出厂试验报告
安装报告	设备安装、调试报告
	设备试验报告
	隐蔽工程图片记录及监理记录
	监理报告
	竣工验收报告
图纸资料	主接线图
	一次设备断面图
	基础图纸
	构支架图纸
	土建竣工图纸
	设备组装竣工图纸（一次部分）
	一次设备二次原理图（含电气防误）
	交流电源部分图纸（含交流屏图纸部分）

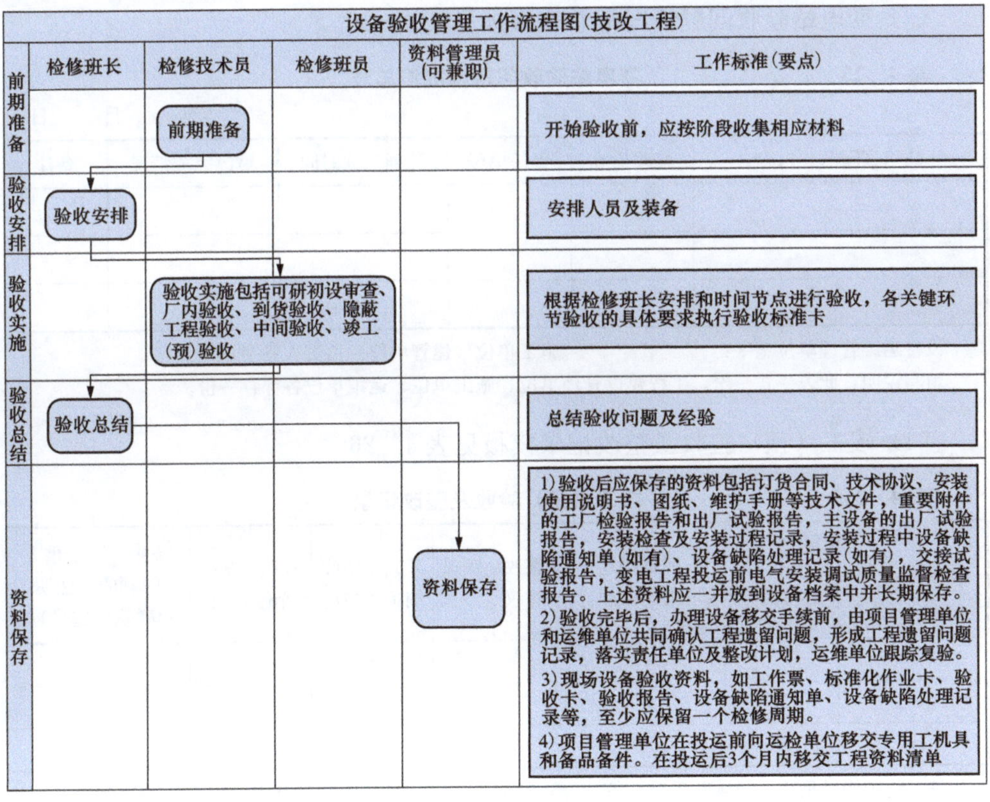

图 4－8　设备验收管理工作流程图（技改工程）

（2）隐蔽工程验收记录模板见表4－24。

表4－24　　隐蔽工程验收记录

<table>
<tr><td colspan="2">项目名称</td><td colspan="3"></td></tr>
<tr><td colspan="2">建设管理单位</td><td></td><td>建设管理单位联系人</td><td></td></tr>
<tr><td colspan="2">验收项目</td><td colspan="3"></td></tr>
<tr><td colspan="2">施工单位名称</td><td></td><td>施工单位联系人</td><td></td></tr>
<tr><td colspan="2">参加验收单位</td><td colspan="3"></td></tr>
<tr><td colspan="2">参加验收人员</td><td colspan="3"></td></tr>
<tr><td colspan="2">开始时间</td><td></td><td>结束时间</td><td></td></tr>
<tr><td>序号</td><td>验收内容</td><td>问题描述
（可附图或照片）</td><td>整改建议</td><td>是否已整改（是/否）</td></tr>
<tr><td></td><td></td><td></td><td></td><td></td></tr>
<tr><td></td><td></td><td></td><td></td><td></td></tr>
<tr><td></td><td></td><td></td><td></td><td></td></tr>
</table>

（3）变电站验收问题情况汇总表模板见表4－25。

表4－25　　变电站验收问题情况汇总表

年　　月　　日

缺陷（问题）内容	整改措施	责任单位	计划完成时间	整改完成情况	备注

设备运维管理单位签字：　　　　　　施工单位（建管单位）负责人签字：

填写说明：此表一式三份，工程建设管理单位、施工单位、运维单位各保存一份。

（4）竣工（预）验收及整改记录模板见表4－26。

表4－26　　竣工（预）验收及整改记录

序号	设备类型	安装位置/运行编号	问题描述（可附图或照片）	整改建议	发现人	发现时间	整改情况	复验结论	复验人	备注（属于重大问题的，注明联系单编号）

注　详细问题见重大问题联系单、各设备验收细则竣工（预）验收标准卡或前期各阶段验收卡，验收标准卡可采用具备电子签名的PDF电子版或签字扫描版。

（5）重大问题反馈联系单模板见表 4-27。

表 4-27　　重大问题反馈联系单

编号：______　单位：______　变电站：______

发出单位/部门		联系人	
验收单位		验收人	
接受单位/部门		联系人	
项目名称		设备类别	
安装位置/运行编号（生产工号）		厂家及型号	
问题名称			
问题描述：（可附图、附件）			
整改建议：			
（盖章） 日期：　年　月　日			

填写说明：一式三份，发出方、接受方、运维单位各一份。

（6）工程遗留问题记录模板见表 4-28。

表 4-28　　工程遗留问题记录

工程项目名称			
建设管理单位（部门）	（盖章）	运维管理单位	（盖章）

续表

建设管理单位（部门）联系人		运维管理单位联系人	
投运日期	××××年××月××日		
遗留问题记录清单			
序号	问题描述（可附图或照片）	整改责任单位	限期完成日期

填写说明：一式二份，建设管理单位（部门）、运维单位（部门）各留存一份。

（7）项目可研初设评审记录模板见表4-29。

表4-29　项目可研初设评审记录

项目名称						
建设管理单位				建设管理单位联系人		
设计单位				设计单位联系人		
参加评审运检单位						
参加评审人员				评审日期		
序号	审查内容	存在问题	标准依据	整改建议	是否采纳（是/否）	未采纳原因

注　详细问题见各设备验收细则可研初设审查验收标准卡，验收标准卡可采用具备电子签名的PDF电子版或签字扫描版。

（8）关键点见证记录模板见表4-30。

表4-30　关键点见证记录

项目名称				
建设管理单位			建设管理单位联系人	
物资部门			物资部门联系人	
供应商名称			供应商联系人	
设备/材料型号			生产工号	
参加见证单位				
参加见证人员				
开始时间			结束时间	
序号	见证内容	问题描述（可附图或照片）	整改建议	是否已整改（是/否）

注　详细问题见各设备验收细则关键点见证标准卡，验收标准卡可采用具备电子签名的PDF电子版或签字扫描版。

（9）出厂验收记录模板见表 4-31。

表 4-31　　出厂验收记录

项目名称				
建设管理单位			建设管理单位联系人	
物资部门			物资部门联系人	
供应商名称			供应商联系人	
设备型号			生产工号	
参加出厂验收单位				
参加验收人员				
开始时间			结束时间	
序号	验收内容	问题描述（可附图或照片）	整改建议	是否已整改（是/否）

注　详细问题见各设备验收细则出厂验收标准卡，验收标准卡可采用具备电子签名的 PDF 电子版或签字扫描版。

（10）到货验收记录模板见表 4-32。

表 4-32　　到货验收记录

项目名称				
建设管理单位			建设管理单位联系人	
设备型号			出厂编号	
供应商名称			供应商联系人	
参加到货验收单位				
参加验收人员				
验收日期				
序号	验收内容	问题描述（可附图或照片）	整改建议	是否已整改（是/否）

注　详细问题见各设备验收细则到货验收标准卡，验收标准卡可采用具备电子签名的 PDF 电子版或签字扫描版。

（11）中间验收记录模板见表 4-33。

表 4-33　　中间验收记录

<table>
<tr><td>项目名称</td><td colspan="3"></td></tr>
<tr><td>建设管理单位</td><td></td><td>建设管理单位联系人</td><td></td></tr>
<tr><td>验收项目</td><td colspan="3"></td></tr>
<tr><td>施工单位名称</td><td></td><td>施工单位联系人</td><td></td></tr>
<tr><td>参加验收单位</td><td colspan="3"></td></tr>
<tr><td>参加验收人员</td><td colspan="3"></td></tr>
<tr><td>开始时间</td><td></td><td>结束时间</td><td></td></tr>
</table>

序号	验收内容	问题描述 （可附图或照片）	整改建议	是否已整改 （是/否）

注　详细问题见各设备验收细则中间验收标准卡，验收标准卡可采用具备电子签名的 PDF 电子版或签字扫描版。

（12）工程遗留问题跟踪复验记录模板见表 4-34。

表 4-34　　工程遗留问题跟踪复验记录

<table>
<tr><td colspan="2">工程项目名称</td><td colspan="5"></td></tr>
<tr><td colspan="7">遗留问题跟踪复验清单</td></tr>
<tr><td>序号</td><td>问题描述
（可附图或照片）</td><td>整改责任
单位</td><td>限期完成日期</td><td>整改情况
（可附图或照片）</td><td>复验结论</td><td>复验人</td></tr>
<tr><td></td><td></td><td></td><td></td><td></td><td></td><td></td></tr>
<tr><td></td><td></td><td></td><td></td><td></td><td></td><td></td></tr>
<tr><td></td><td></td><td></td><td></td><td></td><td></td><td></td></tr>
</table>

4.7.4　设备验收标准卡

设备验收标准卡按照《国家电网公司变电验收管理规定（试行）》［国网（运检/3）827—2017］及细则执行，以隔离开关设备为例，模板见表 4-35～表 4-41。

表 4-35　　隔离开关可研初设审查验收标准卡

<table>
<tr><td rowspan="2">隔离开关基础信息</td><td>工程名称</td><td></td><td>设计单位</td><td></td></tr>
<tr><td>验收单位</td><td></td><td>验收日期</td><td></td></tr>
</table>

序号	验收项目	验收标准	检查方式	验收结论（是否合格）	验收问题说明
一、参数选型验收				验收人签字：	
1	结构型式	1）隔离开关结构型式选择应能满足工程需求； 2）隔离开关、接地开关的结构要适应当地积雪、覆冰、风沙等环境的要求，风沙严重地区和寒冷地区，不宜选用单臂伸缩钳夹式设备； 3）隔离开关与其所配装的接地开关间应配有可靠的机械闭锁，机械闭锁应有足够的强度；具有电动操动机构，隔离开关与本间隔断路器之间应有可靠的电气闭锁； 4）同一间隔内的多台隔离开关的电机电源，在端子箱内应分别设置独立的电源开关； 5）隔离开关设备符合完善化技术要求； 6）750kV 及以上电压等级同塔双回线路接地开关应选用超 B 类接地开关	资料检查	□是 □否	
2	额定电流、电压	1）应满足额定电压和额定绝缘水平的选择； 2）应满足额定短时耐受电流和额定短路持续时间的选择； 3）应满足额定峰值耐受电流和接地开关的额定短路关合电流的选择； 4）应考虑正常电流负荷和过负荷情况、存在的故障条件等要求	资料检查	□是 □否	
3	外绝缘爬距	1）隔离开关极柱、瓷套外绝缘配置应满足污秽等级和海拔高度修正后要求； 2）应依据最新版污区分布图进行外绝缘配置； 3）中性点不接地系统的绝缘子外绝缘配置至少应比中性点接地系统配置高一级，直至达到 e 级污秽等级的配置要求	资料检查	□是 □否	

续表

序号	验收项目	验收标准	检查方式	验收结论（是否合格）	验收问题说明
二、土建部分验收				验收人签字：	
4	检修通道	检修通道是否满足现场运维检修需求	资料检查	□是　□否	

表 4-36　　35～750kV 隔离开关关键点见证标准卡

隔离开关基础信息	工程名称		生产厂家	
	设备型号		生产工号	
	验收单位		验收日期	

序号	验收项目	验收标准	检查方式	验收结论（是否合格）	验收问题说明
一、组部件验收				验收人签字：	
1	瓷绝缘子	1）产品与技术规范书或技术协议中厂家、型号、规格一致； 2）产品具备出厂质量证书、合格证、试验报告； 3）进厂验收、检验、见证记录齐全	资料检查	□是　□否	
2	触头		现场检查/资料检查	□是　□否	
3	导电管		现场检查/资料检查	□是　□否	
4	弹簧		资料检查	□是　□否	
5	齿轮（条）		资料检查	□是　□否	
6	轴类零件		资料检查	□是　□否	
7	传动部件		现场检查/资料检查	□是　□否	
8	底座		现场检查/资料检查	□是　□否	
9	支撑构架		现场检查/资料检查	□是　□否	
10	均压环		现场检查/资料检查	□是　□否	
11	软导电连接带		现场检查/资料检查	□是　□否	
12	（非）标准件		现场检查/资料检查	□是　□否	
13	润滑脂		资料检查	□是　□否	
二、操动机构验收				验收人签字：	
14	操动机构	1）铭牌符合标准要求，外壳表面宜选亚光不锈钢、铸铝或具有防腐措施的材料，厚度大于 2mm； 2）辅助与控制回路元件规格型	现场检查/现场抽查	□是　□否	

续表

序号	验收项目	验收标准	检查方式	验收结论（是否合格）	验收问题说明
14	操动机构	号与技术协议一致，其二次布线工艺符合相关反措要求； 3）箱门密封条应连续、完整；输出轴密封结构完好； 4）淋雨试验验证，外壳防护等级达 IP54 要求；通风口设置合理，满足空气对流及防护等级的要求；特殊地区要根据实际情况进行差异化选择； 5）传动部位润滑良好、传动平稳，操动机构各转动部件灵活、无卡涩现象； 6）手动、电动操作无异常；手动操作闭锁电动操作正确； 7）检查操动机构蜗轮、蜗杆的啮合情况，确认没有倒转现象； 8）辅助开关接线正确、切换正常，齿轮箱机械限位准确可靠	现场检查/现场抽查	□是　□否	
三、装配验收				验收人签字：	
15	零部件	1）所有零部件是全新的、检验合格的； 2）规格型号与图纸一致； 3）镀银件包装、保护完好，不得有损坏、发黑； 4）零部件清洁度完好	现场检查/现场抽查	□是　□否	
16	导电回路装配	1）隔离开关主触头镀银层厚度应不小于 20μm，硬度不小于 120HV； 2）隔离开关连杆、万向节、拐臂、拉板、转动板的销钉、螺栓、弹簧垫圈等部件应完好； 3）轴承（套）装配、配钻、攻丝等装配工艺符合工艺文件要求； 4）螺栓紧固按标准使用力矩扳手，并做紧固标记； 5）各转动部位灵活、平衡装置调整到位；轴承（轴套）润滑良好、密封工艺符合要求	现场检查/现场抽查	□是　□否	

续表

序号	验收项目	验收标准	检查方式	验收结论（是否合格）	验收问题说明
17	接地导电回路装配	1）镀银面、导电接触面按工艺要求进行处理； 2）轴承（套）装配、配钻、攻丝等装配工艺符合工艺文件要求； 3）各转动部位灵活、平衡装置调整到位、润滑良好、密封工艺符合要求； 4）螺栓紧固按标准使用力矩扳手，并做紧固标记	现场检查/现场抽查	□是 □否	
18	底座装配/构架装配	1）装配尺寸、性能参数符合工艺文件要求； 2）轴承座、轴销等传动部位转动灵活、润滑良好、密封工艺符合要求； 3）螺栓紧固按标准使用力矩扳手，并做紧固标记	现场检查/现场抽查	□是 □否	
19	总装配及调试	零部件：全新的、检验合格的	现场检查/现场抽查	□是 □否	
		底座：底座螺栓紧固按标准使用力矩扳手，并做紧固标记，要重点检查安装面（瓷绝缘子、接地开关底座）的水平度和垂直度	现场检查/现场抽查	□是 □否	
		装配： 1）瓷绝缘子应是全新的、检验合格的（釉面应均匀、光滑，颜色均匀；瓷件不应有生烧、过火和氧化起泡现象；表面不允许有裂纹；瓷件与法兰结合部位涂抹防水密封胶等）； 2）端面水平度、垂直度等尺寸要符合要求；调整支柱（旋转）绝缘子的安装面、中心线位置至要求值，并进行标记； 3）瓷件的爬电距离、干弧距离应满足相关文件要求； 4）额定参数及外形结构尺寸应符合经用户确认的图纸要求；新产品/改进产品应有型式试验报告和产品鉴定证书； 5）绝缘子上、下金属附件应热镀锌，热镀锌层厚度应均匀、表面光滑且镀锌层厚度不小于 90 μm	现场检查/现场抽查	□是 □否	

续表

序号	验收项目	验收标准	检查方式	验收结论（是否合格）	验收问题说明
19	总装配及调试	调试： 1）分、合闸操作力矩符合要求且相差在规定范围内； 2）合闸时动、静触头插入时的位置、插入深度符合工艺文件要求； 3）动、静触头夹紧力符合工艺文件要求； 4）机械闭锁装置装配和调整满足工艺文件要求； 5）操动机构辅助触点信号与隔离开关、接地开关断口位置、行程开关切换满足要求； 6）各部分机械尺寸符合工艺文件要求； 7）220kV 及以上电压等级隔离开关和接地开关在制造厂必须进行全面组装，调整好各部件的尺寸，并做好相应的标记	现场检查/现场抽查	□是 □否	
四、试验验收				验收人签字：	
20	试验见证	1）接地开关在分、合闸过程中最不利位置的空气绝缘距离测试结果合格； 2）主回路触头夹紧力测试结果合格； 3）机械操作试验大于 3000 次无异常； 4）主回路电阻的测量符合要求； 5）超 B 类接地开关辅助灭弧装置试验符合技术标准、技术协议要求； 6）辅助和控制回路绝缘试验结果合格； 7）主回路的绝缘试验结果合格； 8）接地回路的电阻符合要求； 9）电机过载保护配置合理，应可靠动作	旁站见证/资料检查	□是 □否	

表 4－37　隔离开关出厂验收标准卡

隔离开关基础信息	工程名称		生产厂家	
	设备型号		出厂编号	
	验收单位		验收日期	

序号	验收项目	验收标准	检查方式	验收结论（是否合格）	验收问题说明
一、隔离开关外观验收				验收人签字：	
1	预装	所有组部件应装配完整	现场检查	□是 □否	
2	本体	1）隔离开关外观清洁无污损，油漆完整，无色差； 2）瓷套表面清洁，无损伤、放电痕迹，法兰无开裂现象，均压环无变形； 3）一次端子接线板无开裂、无变形，表面镀层无破损； 4）金属法兰与瓷套胶装部位粘合牢固，防水胶完好； 5）接地块（件）安装美观、整齐	现场检查	□是 □否	
3	铭牌	1）电动操动机构铭牌应包括电气原理接线图； 2）支柱绝缘子的代号、型号、制造厂及抗弯抗扭强度； 3）铭牌应为不锈钢或铜材，且应用中文印制；设备零件及其附件上的指示牌、警告牌和其他标记也应用中文印制； 4）铭牌内容应在提交的图纸上说明	现场检查/现场抽查	□是 □否	
4	位置指示器	位置指示器的颜色和标示应符合相关标准要求，分、合闸指示牌应有两个及以上定位螺栓固定以保证不发生位移	现场检查	□是 □否	
5	组部件	1）金属零部件应防锈、防腐蚀，钢制件应进行热镀锌处理，螺纹连接部分应防锈、防松动和防电腐蚀； 2）同型号、同规格产品的安装尺寸应一致，零部件应具有互换性	现场检查/现场抽查	□是 □否	
6	机构箱	1）外观完整、无损伤、接地良好，箱门与箱体之间接地连接铜线截面积不小于 $4mm^2$； 2）各空气开关、熔断器、接触器等元器件标示齐全正确； 3）机构箱箱门开合顺畅，密封胶条安装到位，可有效防尘、雨、	现场检查	□是 □否	

续表

序号	验收项目	验收标准	检查方式	验收结论（是否合格）	验收问题说明
6	机构箱	雪、小虫和动物的侵入，防护等级不低于IP44，顶部应设防雨檐，顶盖采用双层隔热布置； 4）机构箱清洁无杂物； 5）机构中金属元件无锈蚀； 6）机构箱内交、直流电源应有绝缘隔离措施； 7）机构箱应配有能观察到分合闸指示和储能位置的观察窗； 8）机构箱内二次回路的接地应符合规范，并设置专用的接地排； 9）机构箱内若配有通风设施，则应满足设备防潮、防凝露要求，若有通气孔，应确保形成对流	现场检查	□是　□否	
7	绝缘子	1）绝缘子应烧制永不磨损、清晰可见的厂家标志、生产年月、批号及与产品样本一致的产品代号； 2）瓷体和法兰之间的浇注面应采取有效的防水措施； 3）瓷体和法兰的浇注应能防止胀裂； 4）每批绝缘子均应有绝缘子制造厂的质量合格证和制造厂的出厂试验报告； 5）绝缘子应按标准规定进行尺寸及外表检查、瓷件超声波检查、弯曲和扭转试验，任一项不符合要求应判为不合格；用于72.5kV及以上电压等级的绝缘子，应逐个进行机械负荷试验； 6）绝缘子与法兰胶装部分应采用喷砂工艺。胶装处胶合剂外露表面应平整，无水泥残渣及露缝等缺陷，胶装后露砂高度为10～20mm，且不应小于10mm，胶装处应均匀涂以防水密封胶	现场检查/现场抽查	□是　□否	
8	接地螺栓	1）隔离开关、接地开关底座上应装设不小于M12的接地螺栓； 2）每相一个底座的隔离开关，各相应分别装设接地螺栓； 3）接地接触面应平整、光洁并涂上防锈油，连接截面应满足动、热稳定要求； 4）接地位置应标以接地符号	现场检查/现场抽查	□是　□否	

续表

序号	验收项目	验收标准	检查方式	验收结论（是否合格）	验收问题说明
9	接地开关铜质软连接	1）接地开关可动部件与其底座之间的铜质软连接的截面积应不小于 50mm^2； 2）软连接用来承载短路电流时，则应进行相应设计。如果采用其他材料，则应具有等效的截面积	现场检查/现场抽查	□是　□否	
10	加热驱潮、照明装置	机构箱内所有的加热元件应是非暴露型的；加热器、驱潮装置及控制元件的绝缘应良好，加热器与各元件、电缆及电线的距离应大于 50mm；加热驱潮装置能按照设定温湿度自动投入，照明装置应工作正常	旁站见证/资料检查	□是　□否	
二、隔离开关试验验收				验收人签字：	
11	主回路的绝缘试验	1）保证开关设备洁净、干燥，可整台设备进行或分相进行； 2）当开关设备在装运前不是整体总装时，则对所有组件都应分开进行试验，试验电压协议确定，考虑试验对有机绝缘件的积累影响，试验电压可降为标准值的 80%； 3）对隔离开关加压试验时，分别在分闸与合闸状态下，并应考虑在相间、相对地、断口间以及接地开关与主导电回路间的最短距离下进行； 4）试验电压应均匀升压，升到规定耐受电压值并维持 1min，如不发生破坏性放电，应认为开关设备通过试验； 5）试验电压值（1min 工频耐受电压峰值）： 35kV：95kV（中性点不接地系统）/80kV； 66kV：160kV； 110kV：230kV； 220kV：460kV； 330kV：510kV； 500kV：740kV； 750kV：960（+460）kV	现场检查/资料检查	电压值：______kV □是　□否	

续表

序号	验收项目	验收标准	检查方式	验收结论（是否合格）	验收问题说明
12	辅助和控制回路的绝缘试验	1）工频耐压试验：试验电压为2000V持续时间1min，应合格； 2）绝缘电阻测试：用2500V绝缘电阻表进行绝缘试验，绝缘电阻应大于10MΩ	现场检查/资料检查	绝缘电阻：____MΩ □是 □否	
13	主回路电阻的测量	1）通以不小于100A直流电流，进行隔离开关主回路电阻测量，与温升试验前进行的主回路电阻值之差应不大于20%； 2）主回路电阻测量的环境温度、测量点应与型式试验的环境温度、测量点相同	现场检查/资料检查	□是 □否	
14	机械特性试验和机械操作	1）隔离开关和接地开关及其操动机构应分别在额定、最高（110% U_n）、最低（85% U_n）操作电压下进行机械特性试验，操作应无故障； 2）人力操动机构的隔离开关和接地开关，应进行50次分、合闸空载操作； 3）试验时，不允许进行调整，操作应无故障，在每次操作中都应达到合闸位置和分闸位置。试验后，隔离开关和接地开关各部分不应损坏； 4）分合闸同期性应符合产品技术条件要求； 5）隔离开关和所配接地开关间的机械闭锁应可靠	现场检查/资料检查	□是 □否	
15	绝缘子探伤检测	进行绝缘子超声波探伤，探伤结果合格	现场检查/资料检查	□是 □否	
16	金属镀层检测	1）导电部件触头、导电杆等接触部位应镀银，导电回路动接触部位镀银厚度不小于20μm； 2）其他部位满足相关技术要求	现场检查/资料检查	□是 □否	

表4-38　　隔离开关到货验收标准卡

隔离开关基础信息	工程名称		生产厂家	
	设备型号		出厂编号	
	验收单位		验收日期	

序号	验收项目	验收标准	检查方式	验收结论（是否合格）	验收问题说明
到货验收				验收人签字：	
1	外观检查	1）按照运输单清点，检查运输箱外观应无损伤和碰撞变形痕迹； 2）各部件无损坏	现场检查/现场抽查	□是 □否	
2	保管条件	1）设备运输箱应按其不同保管要求置于室内或室外平整、无积水且坚硬的场地； 2）设备运输箱应按箱体标注安置；瓷件应安置稳妥；装有触头及操动机构金属传动部件的箱子应有防潮措施	现场检查/现场抽查	□是 □否	
3	开箱检查	1）产品技术文件应齐全；到货设备、附件、备品备件应与装箱单一致；核对设备型号、规格应与设计图纸相符； 2）设备应无损伤变形和锈蚀，涂层完好； 3）镀锌设备支架应无变形，镀锌层完好、无锈蚀、无脱落、色样一致； 4）瓷质绝缘子应无裂纹和破损，复合绝缘子无损伤；瓷质与金属法兰胶装部位牢固密实，法兰结合面应平整、无外伤或铸造砂眼，涂有性能良好的防水胶； 5）导电部分软连接应无折损，接线端子（或触头）镀银层应完好； 6）箱门与箱体间接地连接应安装良好，接地连接铜线截面积不小于 $4mm^2$； 7）手动操作把手应合格、完好	现场检查/现场抽查	□是 □否	
4	图纸	1）外形图； 2）基础安装图； 3）二次原理图及接线图	资料检查	□是 □否	
5	技术资料	1）隔离开关出厂试验报告； 2）隔离开关型式试验和特殊试验报告及合格证； 3）组部件试验报告； 4）主要材料检验报告； 5）安装使用说明书	资料检查	□是 □否	

表 4-39　　隔离开关竣工（预）验收标准卡

隔离开关基础信息	变电站名称		设备名称编号	
	生产厂家		出厂编号	
	验收单位		验收日期	

序号	验收项目	验收标准	检查方式	验收结论（是否合格）	验收问题说明
一、设备验收				验收人签字：	
1	外观检查	1）操动机构、传动装置、辅助开关及闭锁装置应安装牢固、动作灵活可靠、位置指示正确，各元件功能标志正确，引线固定牢固，设备线夹应有排水孔； 2）三相联动的隔离开关、接地开关触头接触时，同期数值应符合产品技术文件要求，最大值不得超过 20mm； 3）相间距离及分闸时触头打开角度和距离，应符合产品技术文件要求； 4）触头接触应紧密良好，接触尺寸应符合产品技术文件要求；导电接触检查可用 0.05mm×10mm 的塞尺进行检查；对于线接触应无法塞入，对于面接触测量其塞入深度：在接触表面宽度为 50mm 及以下时不应超过 4mm，在接触表面宽度为 60mm 及以上时不应超过 6mm； 5）隔离开关分合闸限位应正确； 6）垂直连杆应无扭曲变形； 7）螺栓紧固力矩应达到产品技术文件和相关标准要求； 8）油漆应完整、相色标志正确，设备应清洁； 9）隔离开关、接地开关底座与垂直连杆、接地端子及操动机构箱应接地可靠，软连接导电带紧固良好，无断裂、损伤； 10）220kV 及以上具有分相操作功能的隔离开关，位置节点要分相上送，机构操作电源应分开、独立	现场检查/现场抽查	□是　□否	

续表

序号	验收项目	验收标准	检查方式	验收结论（是否合格）	验收问题说明
2	安装资料	1）订货技术协议或技术规范； 2）出厂试验报告； 3）使用说明书； 4）交接试验报告； 5）安装报告； 6）施工图纸	资料检查	□是 □否	
3	支架及接地	1）隔离开关及支架、机构箱安装应牢靠，连接部位螺栓压接牢固，满足力矩要求，平垫、弹簧垫齐全，螺栓外露长度符合要求，用于法兰连接紧固的螺栓，紧固后螺纹一般应露出螺帽2～3圈，各螺栓、螺纹连接件应按要求涂胶并紧固划标志线； 2）采用垫片安装（厂家调节垫片除外）调节隔离开关水平的，支架或底架与基础的垫片不宜超过3片，总厚度不应大于10mm，且各垫片间应焊接牢固； 3）底座与支架、支架与主地网的连接应满足设计要求，接地应牢固可靠，紧固螺钉或螺栓的直径应不小于12mm； 4）接地引下线无锈蚀、损伤、变形；接地引下线应有专用的色标标志； 5）一般铜质软连接的截面积不小于50mm^2； 6）隔离开关支架应有两点与主地网连接，接地引下线规格满足设计规范，连接牢固； 7）架构底部的排水孔设置合理，满足要求	现场检查/现场抽查/资料检查	□是 □否	
4	绝缘子	1）清洁，无裂纹、掉瓷，爬电比距符合污秽等级要求； 2）金属法兰、连接螺栓无锈蚀、无表层脱落现象； 3）金属法兰与瓷件的胶装部位涂以性能良好的防水密封胶，胶装后露砂高度10～20mm且不得小于10mm； 4）逐个进行绝缘子超声波探伤，探伤结果合格；	现场检查/资料检查	□是 □否	

续表

序号	验收项目	验收标准	检查方式	验收结论（是否合格）	验收问题说明
4	绝缘子	5）有特殊要求不满足防污闪要求的，瓷质绝缘子喷涂防污闪涂层，应采用差色喷涂工艺，涂层厚度不小于2mm，无破损、起皮、开裂等情况；增爬伞裙无塌陷变形，表面牢固	现场检查/资料检查	□是 □否	
5	连锁装置	1）隔离开关与其所配的接地开关间有可靠的机械闭锁和电气闭锁措施； 2）具有电动操动机构的隔离开关与其配用的接地开关之间应有可靠的电气连锁； 3）机构把手上应设置机械“五防”锁具的锁孔，锁具无锈蚀、变形现象； 4）对于超B类接地开关，线路侧接地开关、接地开关辅助灭弧装置、接地侧接地开关，三者之间电气互锁正常； 5）操动机构电动和手动操作转换时，应有相应的闭锁	现场检查/资料检查	□是 □否	
6	接触部位检查	1）触头表面镀银层完整、无损伤，导电回路主触头镀银层厚度应不小于20μm，硬度不小于120HV；固定接触面均匀涂抹电力复合脂，接触良好； 2）带有引弧装置的应动作可靠，不会影响隔离开关的正常分合	现场检查/现场抽查	□是 □否	
7	辅助开关	辅助开关动作灵活可靠，位置正确，信号上传正确	现场检查	□是 □否	
8	隔离开关安装要求	1）隔离开关、接地开关导电管应合理设置排水孔，确保在分、合闸位置内部均不积水；垂直传动连杆应有防止积水的措施，水平传动连杆端部应密封； 2）传动连杆应采用装配式结构，不应在施工现场进行切焊配装；连杆应选用满足强度和刚度要求的热镀锌无缝钢管，无扭曲、变形、开裂；	现场检查	□是 □否	

续表

序号	验收项目	验收标准	检查方式	验收结论（是否合格）	验收问题说明
8	隔离开关安装要求	3）检查传动摩擦部位磨损情况，补充适合当地条件的润滑脂； 4）单柱垂直伸缩式在合闸位置时，驱动拐臂应过死点； 5）定位螺钉应按产品的技术要求进行调整，并加以固定； 6）均压环无变形，安装方向正确，与本体连接良好，安装应牢固、平正，不得影响接线板的接线；安装在环境温度0℃及以下地区或500kV以上的均压环，应在均压环最低处打排水孔，排水孔位置、孔径应合理； 7）检查破冰装置应完好； 8）设备出厂铭牌齐全，运行编号、相序标志清晰可识别	现场检查	□是 □否	
9	机构箱检查	1）机构箱密封良好，无变形、水迹、异物，密封条良好，门把手完好； 2）二次接线布置整齐，无松动、损坏，二次电缆绝缘层无损坏现象，二次接线排列整齐，接头牢固、无松动，编号清楚； 3）箱内端子排、继电器、辅助开关等无锈蚀； 4）由隔离开关本体机构箱至就地端子箱之间的二次电缆的屏蔽层应在就地端子箱处可靠连接至等电位接地网的铜排上； 5）操作电动机“电动/手动”切换把手外观无异常，“远方/就地”“合闸/分闸”把手外观无异常，操作功能正常，手动、电动操作正常； 6）机构箱内加热驱潮装置、照明装置工作正常；加热驱潮装置能按照设定温度自动投退	现场检查	□是 □否	
10	一次引线	1）引线无散股、扭曲、断股现象；引线对地和相间符合电气安全距离要求，引线松紧适当，无明显过松过紧现象，导线的弧垂须满足设计规范；	现场检查	□是 □否	

续表

序号	验收项目	验收标准	检查方式	验收结论（是否合格）	验收问题说明
10	一次引线	2）压接式铝设备线夹，朝上30°～90°安装时，应设置排水孔； 3）设备线夹压接应采用热镀锌螺栓，采用双螺帽或蝶形垫片等防松措施； 4）设备线夹与压线板是不同材质时，不应使用对接式铜铝过渡线夹	现场检查	□是 □否	
二、交接试验验收				验收人签字：	
11	校核动、静触头开距	在额定、最低（85%U_n）和最高（110%U_n）操作电压下进行3次空载合、分试验，测量分合闸时间，检查闭锁装置的性能和分合位置指示的正确性	现场检查/资料检查	□是 □否	
12	导电回路电阻值测量	1）采用电流不小于100A的直流压降法； 2）测试结果不应大于出厂值的1.2倍； 3）导电回路应对含接线端子的导电回路进行测量； 4）有条件时测量触头夹紧压力	现场检查/资料检查	□是 □否	
13	瓷套、复合绝缘子	1）使用2500V绝缘电阻表测量，绝缘电阻不应低于1000MΩ； 2）复合绝缘子应进行憎水性测试； 3）交流耐压试验可随断路器设备一起进行	旁站见证/资料检查	□是 □否	
14	控制及辅助回路的工频耐压试验	隔离开关（接地开关）操动机构辅助和控制回路绝缘交接试验应采用2500V绝缘电阻表，绝缘电阻应大于10MΩ	现场检查/资料检查	绝缘电阻：_____MΩ □是 □否	
15	测量绝缘电阻	整体绝缘电阻值测量应参照制造厂规定	现场检查/资料检查	□是 □否	
16	瓷柱探伤试验	1）隔离开关、接地开关绝缘子应在设备安装完好并完成所有的连接后逐支进行超声探伤检测； 2）逐支进行绝缘子超声波探伤，探伤结果合格	现场检查/资料检查	□是 □否	

续表

序号	验收项目	验收标准	检查方式	验收结论（是否合格）	验收问题说明
三、其他验收				验收人签字：	
17	加热、驱潮装置	1）机构箱中应装有加热、驱潮装置，并根据温湿度自动控制，必要时也能进行手动投切，其设定值满足安装地点环境要求；加热器应接成三相平衡的负荷，且与电机电源要分开； 2）寒冷地域装设的加热带能正常工作； 3）加热器、驱潮装置及控制元件的绝缘应良好，加热器与各元件、电缆及电线的距离应大于50mm	现场检查	□是 □否	
18	照明装置	机构箱、汇控柜应装设照明装置，且工作正常	现场检查	□是 □否	

表 4-40　　隔离开关资料及文件验收标准卡

隔离开关基础信息	变电站名称		设备名称编号	
	生产厂家		出厂编号	
	验收单位		验收日期	

序号	验收项目	验收标准	检查方式	验收结论（是否合格）	验收问题说明
资料及文件验收				验收人签字：	
1	订货合同、技术协议	资料齐全	资料检查	□是 □否	
2	安装使用说明书，竣工图纸、维护手册等技术文件	资料齐全	资料检查	□是 □否	
3	重要材料和附件的工厂检验报告和出厂试验报告	资料齐全	资料检查	□是 □否	
4	整体出厂试验报告	资料齐全，数据合格	资料检查	□是 □否	
5	安装检查及安装过程记录	记录齐全，数据合格	资料检查	□是 □否	
6	安装过程中设备缺陷通知单、设备缺陷处理记录	记录齐全	资料检查	□是 □否	
7	交接试验报告	项目齐全，数据合格	资料检查	□是 □否	
8	变电工程投运前电气安装调试质量监督检查报告	项目齐全，质量合格	资料检查	□是 □否	

表 4-41　　隔离开关启动验收标准卡

隔离开关基础信息	变电站名称		设备名称编号	
	生产厂家		出厂编号	
	验收单位		验收日期	

序号	验收项目	验收标准	检查方式	验收结论（是否合格）	验收问题说明
一、外观验收				验收人签字：	
1	瓷件及法兰	隔离开关瓷件及法兰无裂纹，瓷件无异常电晕现象	现场检查	□是　□否	
2	传动部分	在隔离开关操作过程中各部动作无卡滞	现场检查	□是　□否	
3	触点及导电部分	隔离开关设备的接头、导电部分温升满足要求	现场检查	□是　□否	
4	本体	各部分无放电、电晕现象	现场检查	□是　□否	
5	声音	各部分无异声	现场检查	□是　□否	
二、设备红外测温					
6	设备本体及接头	设备本体及接头无明显过热现象	现场检查	□是　□否	

附录A 变电检修业务规范化清单

工作项目	工作小项	完成时间或周期	依据	工作流程	工作记录
人员培训		检修人员每月至少参加1次检修技术技能培训	《国家电网公司变电检修管理规定（试行）》［国网（运检/3）831—2017］第十六章	人员培训工作流程	培训计划填报表模板
					员工培训教案模板
					员工培训记录模板
安全活动		每周五	《国家电网公司变电检修管理规定（试行）》［国网（运检/3）831—2017］第十二章	安全活动工作流程	安全活动记录模板
档案资料管理		该项为日常工作	《国家电网公司变电检修管理规定（试行）》［国网（运检/3）831—2017］	档案资料管理工作流程	档案资料检查记录模板
					变电检修班应具备的资料目录
仪器仪表管理		收到仪器仪表检查、使用情况报告后，确认登记记录情况后方可完成	《国家电网公司变电检修管理规定（试行）》［国网（运检/3）831—2017］第十五章 《国家电网公司变电检测管理规定（试行）》［国网（运检/3）829—2017］第十四章	仪器仪表管理工作流程	仪器仪表台账记录模板
					仪器仪表使用记录模板
					仪器仪表检查记录模板
工机具管理		收到工机具检查、使用情况报告后，确认登记记录情况后方可完成	《国家电网公司变电检修管理规定（试行）》［国网（运检/3）831—2017］第十五章 《国家电网公司变电检测管理规定（试行）》［国网（运检/3）829—2017］第十四章	工机具管理工作流程	工机具台账记录模板
					工机具使用记录模板
					工机具检查记录模板
					工机具试验计划表模板
备品备件管理		收到备品备件检查、使用情况报告后，确认登记记录情况后方可完成	《国家电网公司变电检修管理规定（试行）》［国网（运检/3）831—2017］第十五章 《国家电网公司变电检测管理规定（试行）》［国网（运检/3）829—2017］第十四章	备品备件管理工作流程	备品备件台账记录模板
					备品备件使用记录模板
					备品备件检查记录模板

续表

<table>
<tr><th>工作项目</th><th>工作小项</th><th>完成时间或周期</th><th>依据</th><th>工作流程</th><th>工作记录</th></tr>
<tr><td>生产用车管理</td><td></td><td>车辆使用时</td><td>《国家电网公司变电运维管理规定（试行）》[国网（运检/3）828—2017] 第二十六章</td><td>生产用车管理工作流程</td><td>生产用车使用记录模板</td></tr>
<tr><td rowspan="5">精益化管理评价</td><td rowspan="5"></td><td rowspan="5">评价周期为3年，每座变电站3年内开展1次精益化评价。每年评价变电站数量为管辖范围内变电站总数的1/3</td><td rowspan="5">《国家电网公司变电评价管理规定（试行）》[国网（运检/3）830—2017] 第三章、第四章</td><td rowspan="5">精益化管理评价工作流程</td><td>变电精益化检查问题明细表模板</td></tr>
<tr><td>精益化评价自查汇总表模板</td></tr>
<tr><td>变电站参评申报表模板</td></tr>
<tr><td>变电站精益化评价整改情况统计表模板</td></tr>
<tr><td>精益化管理评价指导卡</td></tr>
<tr><td rowspan="6">设备年度状态评价</td><td rowspan="6"></td><td rowspan="6">每年5月份</td><td rowspan="6">《国家电网公司变电评价管理规定（试行）》[国网（运检/3）830—2017] 第三章、第五章</td><td rowspan="6">年度状态评价工作流程</td><td>设备年度状态评价报告模板</td></tr>
<tr><td>变电设备状态检修综合报告模板</td></tr>
<tr><td>设备状态统计表模板</td></tr>
<tr><td>停电检修设备统计表模板</td></tr>
<tr><td>逐站评价模板</td></tr>
<tr><td>年度状态评价标准卡</td></tr>
<tr><td rowspan="6">设备动态评价</td><td>不良工况后、带电检测异常评价</td><td>1周内完成</td><td rowspan="6">《国家电网公司变电评价管理规定（试行）》[国网（运检/3）830—2017] 第三章、第六章</td><td rowspan="6">动态评价工作流程</td><td rowspan="6">设备动态评价报告模板</td></tr>
<tr><td>检修后评价</td><td>工作结束后2周内完成</td></tr>
<tr><td>危急缺陷</td><td>立即开展</td></tr>
<tr><td>严重缺陷</td><td>24h内完成</td></tr>
<tr><td>一般缺陷</td><td>1周内完成</td></tr>
<tr><td>新设备首次评价</td><td>设备投运后1个月内组织开展并在3个月内完成</td></tr>
</table>

续表

工作项目	工作小项	完成时间或周期	依据	工作流程	工作记录
检修计划	年检修计划	9月15日编制下年检修计划，并报送地市公司运检部。省检修公司、地市公司运维管理部门每年12月下旬完成所辖设备检修计划审批并发布	《国家电网公司变电检修管理规定（试行）》［国网（运检/3）831—2017］第四章	检修计划工作流程	年检修计划模板
	月检修计划	每月10日前组织完成下月检修计划编制并报送各级调控中心			月检修计划模板
	周工作计划	每周三			周工作计划模板
					检修计划管控表模板
标准化作业		检修前2个工作日，工作负责人完成标准作业卡的编制，突发情况可在当日开工前完成	《国家电网公司变电检修管理规定（试行）》［国网（运检/3）831—2017］第十四章	标准化作业工作流程	现场勘察记录模板
					大(中)型检修方案模板
					技改项目模板
					大修项目模板
					消缺项目模板
					隐患治理项目模板
					反措执行项目模板
					精益化评价整改项目模板
					检修作业面一览表模板
					检修物资到货情况一览表模板
					检修各作业面检修进度一览表模板
					作业面作业方案模板
					小型检修方案模板
					安全技术交底记录模板
					变电站（发电厂）第一种工作票模板
					变电站（发电厂）第二种工作票模板
					变电站（发电厂）带电作业工作票模板
					变电站（发电厂）事故应急抢修单模板
					标准化作业指导卡

续表

工作项目	工作小项	完成时间或周期	依据	工作流程	工作记录
专业巡视		一类变电站每月不少于1次；二类变电站每季度不少于1次；三类变电站每半年不少于1次；四类变电站每年不少于1次。在迎峰度冬或迎峰度夏前适时开展。特殊保电前或经受异常工况、恶劣天气等自然灾害后适时开展	《国家电网公司变电检修管理规定（试行）》[国网（运检/3）831—2017] 第十章	专业巡视工作流程	专业巡视标准化作业指导卡
缺陷管理		危急缺陷处理不超过24h；严重缺陷处理不超过1个月；一般缺陷需停电处理的一般缺陷不超过1个检修周期，可不停电处理的一般缺陷原则上不超过3个月	《国家电网公司变电检修管理规定（试行）》[国网（运检/3）831—2017] 第十、十一章	缺陷管理工作流程	缺陷记录模板 缺陷处理汇总表模板 缺陷处理完成情况模板 设备缺陷分类标准卡
故障抢修		省检修公司、地市公司抢修人员1.5h内到达现场，偏远地区不应超过2h	《国家电网公司变电检修管理规定（试行）》[国网（运检/3）831—2017] 第十一章	故障抢修工作流程	故障处理分析报告模板 变电站（发电厂）事故应急抢修单模板
保供电		按照保供电方案（通知）或电网风险管控措施单执行	《国家电网公司变电检修管理规定（试行）》[国网（运检/3）831—2017] 第十章 《国家电网公司电网设备供电保障运维管理规定》[国网（运检/4）315—2014]	保供电工作流程	专业巡视标准化作业指导卡

续表

工作项目	工作小项	完成时间或周期	依据	工作流程	工作记录
设备验收		新建、扩建、大小修、预试和校验时	《国家电网公司变电验收管理规定（试行）》[国网（运检/3）827—2017]	设备验收工作流程（基建工程）	移交工程资料清单模板 隐蔽工程验收记录模板 变电站验收问题情况汇总表模板 竣工（预）验收及整改记录模板 重大问题反馈联系单模板 工程遗留问题记录模板
				设备验收工作流程（技改工程）	项目可研初设评审记录模板 关键点见证记录模板 出厂验收记录模板 到货验收记录模板 中间验收记录模板 工程遗留问题跟踪复验记录模板 设备验收标准卡

附录B　引用制度标准

序号	制度（标准）名称	制度（标准）编号
1	《国家电网公司变电检修管理规定（试行）》	国网（运检/3）831—2017
2	《国家电网公司变电评价管理规定（试行）》	国网（运检/3）830—2017
3	《国家电网公司变电验收管理规定（试行）》	国网（运检/3）827—2017
4	《国家电网公司变电检测管理规定（试行）》	国网（运检/3）829—2017
5	《国家电网公司变电运维管理规定（试行）》	国网（运检/3）828—2017
6	《国家电网公司变电运维检修管理办法（试行）》	国网（运检/2）826—2017
7	《国家电网公司技术监督管理规定》	国网（运检/2）106—2017
8	《国家电网公司十八项电网重大反事故措施》	国家电网设备〔2018〕979 号
9	《国家电网公司电网设备状态检修管理规定》	国网（运检/3）298—2014
10	《国家电网公司运检装备配置使用管理规定》	国网（运检/3）300—2014
11	《国家电网公司电网备品备件管理规定》	国网（运检/3）410—2014
12	《国家电网公司关于印发〈输变电设备风险评估导则〉等 32 项运维检修标准的通知》	国家电网企管〔2014〕644 号
13	《国家电网公司电网设备缺陷管理规定》	国网（运检/3）297—2014
14	《国家电网公司生产准备及验收管理规定》	国网（运检/3）296—2014
15	《国家电网公司防止变电站全停十六项措施》	国家电网运检〔2015〕376 号
16	《国网内蒙古东部电力有限公司关于印发进一步加强和规范输变电工程验收及启动试运管理的指导意见的通知》	蒙东电建设〔2019〕180 号
17	《国家电网公司电力安全工作规程（变电部分）》	Q/GDW 1799.1—2013 号
18	《国家电网公司安全事故调查规程》	国家电网安监〔2011〕2024 号
19	《国家电网公司电网设备供电保障运维管理规定》	国网（运检/4）315—2014